U0059058

「放棄了自己對社會的責任，等於放棄了更好的生存機會。」
——美國社會學家戴維斯（Kingsley Davis）

「不用太認真做事，反正業績好壞都與我無關。」
員工抱持這樣的心態，真的是他們個人問題嗎？
主管該怎麼喚醒下屬的責任意識，並凝聚企業的向心力？
這不是一堂服從洗腦課，而是幫助勞資更好地理解彼此！

目錄

前言

員工優質教育（Quality Education）是指對企業員工從事職業所必需的知識、技能和職業道德等方面進行教育培訓，因此也稱為職業技術教育或實業教育。其目的是培養現代企業所必需的學習型、知識型和技能型的員工，因此非常側重於實踐技能和實際工作能力的培養。

在現代經濟條件下，員工的素養對企業效益和發展的影響日益突出，企業需要在保持生機與活力的創新中不斷發展。但是，要充分發揮企業的創新能力，還需要大量具有知識素養與先進技術的員工，因此，大力進行職業教育，是企業提升員工知識素養、培養應用型人才的重要途徑。

企業文化則是企業在生產經營的實踐中逐步形成的，為全體員工所認同並遵守的、帶有本企業特點的使命、願景、宗旨、精神、價值觀和經營理念，以及這些理念在生產經營實踐、管理制度、員工行為方式與企業對外形象等方面展現的總和。

企業文化是企業的靈魂，是推動企業發展壯大的不竭動力。它包含著非常豐富的內容，其核心是企業的精神和價值觀。這裡的價值觀不是泛指企業管理中的各種文化現象，而是企業或企業中的員工在從事商品生產與經營中所持有的價值觀念。

前言

現代企業文化是企業的核心競爭力，是企業發展的基石，而企業文化建設的主體是企業員工。因此，以培養企業應用人才為己任的職業教育必須植根於企業文化之中，透過加強企業文化教育，突出職業教育的特色，使職業教育成為企業文化建設的有機組成部分，並相互促進創造企業效益，這樣便可獲得企業文化建設與職業教育發展的雙豐收。

隨著市場的競爭越來越激烈，各種不正當的競爭手段不斷困擾著企業發展，因此，今天的企業文化與職業教育普遍強調員工的感恩、忠誠、責任等意識形態的培養，使企業真正具有核心的競爭能力。

現今的企業不僅競爭越來越激烈，而且生產成本與各種費用越來越高，產品品質要求也越來越高，產品銷售利潤卻越來越低。因此企業大多處於微利的邊緣狀態，這樣，企業普遍要求員工高效工作、提升技能、節能減排等，以適應新形勢下的企業生存與發展。

還有，隨著市場的多樣性和多層次發展，現代企業的組織形式、生產經營和工作模式也多種多樣，這就對企業的管理提出了新的挑戰，但核心的觀念還是沒變，那就是要求員工具有團隊精神和受人歡迎，這樣，企業才會形成核心的凝聚力與競爭力，才會創造企業與員工的共生共贏。

第一章
培養對企業的責任心

沒有雄心壯志或總想渾渾噩噩過日子的人，不可能改變現狀。

1. 對企業要具有責任心

對企業要具有責任心，就是不以工作卑微而敷衍，也不以工作重要而驕傲，而是以職業為生命，將工作當成須用生命去做的事，並對此付出全身心的努力。責任心所表現出來的就是一個人的職業精神、職業操守以及認真負責、一絲不苟的工作態度，是那種即使付出再多的代價也心甘情願，並能夠克服各種困難、做到善始善終的主動意識。

任何一家想競爭取勝的企業都欣賞盡職有責任心的員工。沒有責任心的員工就無法提供給顧客高品質的服務，也就無法讓企業在市場競爭中獲勝。在現代職場，一個員工是否成功，取決於他的職業化程度。

盡職有責任心的員工，不僅僅是為了對上級有個交代，更重要的是，盡職盡責是一種使命，是一個職業人士應具備的職業道德。如果你在工作上盡職盡責，並且把它變成習慣，你會一輩子從中受益。

在職場中，我們時常看到有些員工，在工作中偷懶，不負責任，頭腦裡根本就沒有一點職業精神，更不會把盡職盡責看做是一種神聖的使命。這種不具備盡職盡責精神的員工，很難有成功的那一天。

一個員工對企業有無責任心是完全不同的，沒有責任心的員工得不到提拔和重用，工作也無業績可言。而具有強烈責任心的員工，其職業意識深植在他的腦海裡，做起事來積極主動，並能從中體會到快樂，從而獲得更多的經驗和取得更大的成就。

盡職盡責促使我們養成每天多做一點事的好習慣，把額外分配的工作看做是一種機遇，當顧客、同事或者企業交給我們某個難題的時候，也許正在為我們創造一個珍貴的機會。即使在極其平凡的職業中，處在極其低微的位置上，盡職盡責往往會帶給我們極大的機會。盡職盡責使我們不僅僅想到我們必須為企業做什麼，而更多的想到我們能夠為企業做什麼。

當你登上自己的職業舞臺，就要盡自己的力量去做好。不管你是從事什麼職業，唯有盡職盡責，才能在自己的領域裡出類拔萃，才能實現自己的人生價值。

2. 責任是員工對企業肩負的使命

責任是對人生義務的勇敢擔當，責任也是對生活的積極接受，責任還是對自己所負使命的忠誠和信守。一個充滿責任感的人，一個勇於承擔責任的人，會因為這份承擔而讓生命更有力量。

在這個世界上，每一個人都扮演了不同的角色，每一種角色又都承擔了不同的責任，從某種程度上說，對角色飾演的最大成功就是對責任的完成。正視責任，讓我們在困難時能夠堅持，在成功時能保持冷靜，在絕望時絕不放棄。

社會學家戴維斯（Kingsley Davis）說：「自己放棄了對社會的責任，就意味著放棄了自身在這個社會中更好生存的機會。」放棄應承擔的責任，或者蔑視自身的責任，這就等於在可以自由通行的路上自設路障，摔跤絆倒的也只能是自己。

我們從小就被告知，既要堅守自己的職責，也要勇於承擔自己的責任，因為在這個社會中，我們必須堅守責任。因為堅守責任就是堅守我們自己最根本的人生義務。

對一名企業的職員來說，責任是什麼？責任就是自己所負使命的忠誠和信守，責任就是對自己工作出色的完成，責任就是忘我的堅守，責任就是人性的昇華。總之，責任就是做好企業賦予你的任何有意義的事情。

3. 對企業的責任是一種榮譽

「對企業的責任是一種榮譽」，這是一個至純至真的道理，它出自於 1962 年 5 月 2 日麥克阿瑟將軍在西點軍校發表的那篇著名的演講〈責任榮譽國家〉（*Duty Honor Country*）。

這雖然是一個標準的職業軍人在最偉大的軍校發表的演講，但它同樣適用於企業界。它所傳達出的精神、思想、準則，應該讓每一個企業員工牢記和遵守。

一直以來，不少的企業把這篇演講推薦給所屬的員工。如果能讓員工真正理解這篇演講的含義，那麼它帶給企業的價值將不可估量。

以下便是這篇演講的精華部分。

……但這些名詞卻能完成這些事。它們建立您的基本特性，塑造您將來成為國防衛上的角色；它們使您堅強起來，認清自己的懦弱，而且，讓您勇敢地面對自己的膽怯。它們教導您在真正失敗時要自尊，要不屈不撓；勝利時要謙和，不要以言語代替行動，不要貪圖舒適；要正視重壓以及困難和挑戰；要學會巍然屹立於風浪之中。但是，對遇難者要寄予同情；要律人先律己；要有純潔的心靈，崇高的目標；要學會笑，但不要忘記怎麼哭；要憧憬未來，但不該忽略過去；要為人持重，但不可過於嚴肅；要謙遜。這樣，你就會知道真正偉大的純樸，真正智慧的虛心，真正強大的溫順。它們賦予你意志的韌性、想像的力量、感情的活力，從生命的深處煥發精神，以勇敢戰勝膽怯，甘於冒險勝過貪圖安逸。它們在你們心中創造奇境和意想不到的無窮無盡的希望、生命的靈感與歡樂。它們以這種方式教導你們成為軍官或紳士。

……當我聽到合唱隊的這些歌曲，回顧過去，我看到第一次世界大戰中蹣跚的小分隊，在溼透的背包的重負下，從

溼漉漉的黃昏到細雨淅淅的黎明中，疲憊不堪地在行軍，沉重的腳踝深深地踩在砲彈震撞過的泥濘路上，艱難跋涉。他們嘴唇發青，渾身汙泥，在風雨中哆嗦著，從家裡被趕到敵人面前，而且，許多人被趕到上帝的審判席。我不了解他們出生是否高貴，可我知道他們死得光榮。他們從不猶豫，毫無怨恨，滿懷信念，直到死，嘴邊還叨唸著繼續戰鬥直到勝利。為了它們：責任、榮譽、國家；在尋找光明與真理的道路上，他們一直流血、揮汗、灑淚。

20 年以後，在世界的另一邊，又是黑黝黝的散兵壕的汙物，壕溝的惡臭，溼漉漉的地下洞的汙泥；那酷熱的火辣辣的陽光，那些破壞性風暴的傾盆大雨，荒無人煙的叢林小道，與親人長期分離的痛苦，熱帶疾病的猖獗蔓延，戰亂地區的恐怖情景；他們堅定果敢地防禦。永遠的勝利透過他們最後在血泊中的攻擊，和那些蒼白屍體的目光，莊嚴地印證著責任、榮譽、國家的光榮稱號。

這幾個名詞貫穿著最高的道德準則，並將經受任何為提升人類而傳播的倫理或哲學的檢驗。它所要求的是正確的事物，它所制止的是錯誤的東西。崇高戰士要履行宗教修煉的最偉大行為 —— 犧牲。在戰鬥中，面對著危險與死亡，他顯示出造物者按照自己意願創造人類時所賦予的特質。這種特質，只有神明的援助才能支援他，任何肉體的勇敢與動物的本能都代替不了。無論戰爭如何恐怖，招之即來，準備為國捐軀是人類最崇高的演化。

……你們的任務就是堅定地、不可侵犯地贏得戰爭的勝利。你們的職業中只有這個生死攸關的獻身，此外，什麼也沒有。其餘的一切公共目的、公共計畫、公共需求，無論大小，都可以尋找其他的辦法去完成；而你們就是訓練好參加戰鬥的，你們的職業就是戰鬥 —— 決心取勝。在戰爭中明確的認知就是為了勝利，這是代替不了的。假如您失敗了，國家就要遭到破壞，唯一纏住您的公務就是責任、榮譽、國家。

4. 對企業責任心的展現

對企業負責，這是對企業責任心的充分展現。

責任心是一個工作者最不能缺少的東西，忠實地在自己的職位上盡職盡責，最普通的工作也能偉大起來。一個人要想有所作為，一定要有責任心，因為要實現自強自立的成功人生，健康的情感和獨立的方法固然重要，但是如果缺乏責任心的確立，自強自立的人生目標就無法實現。

小劉大學畢業之後，便來到一家工廠擔任技術員。經過幾年的實踐鍛鍊，在老同事的幫助下，他取得了一定的成績，並且被提拔為工廠副主任，負責工廠的生產技術工作。小劉一帆風順春風得意，漸漸地滋生出一種自以為是的心態，他總覺得自己了不起，看不起別人，也不尊重別人的意見。

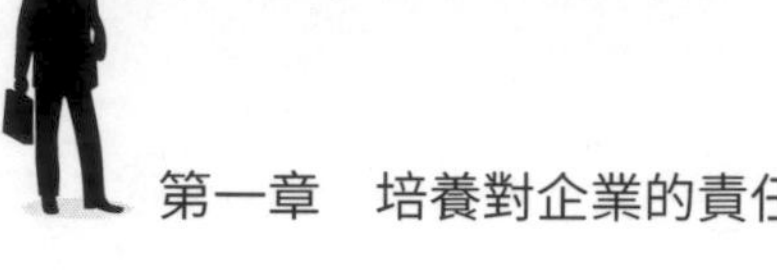

有一次，工廠的生產線發生了一些問題，產品品質也受到了非常嚴重的影響。小劉到工廠看過之後，便立即斷言是某一道工序中化學原料的配比不合適，認為在投放新的一家企業提供的原材料後，原有的配比必須改變。根據他的意見，員工們做了調整，但情況仍不見好轉。此時，另一位技術人員提出了不同的見解，認為問題的癥結並不是新的原料或原料配比不合適，而在於裝置本身的問題。對此，小劉從內心覺得技術員的看法非常合理，但是，他覺得自己是負責全工廠技術與工藝的主管，如今自己的判斷出現了失誤，反而不如一位普通技術員，假如隨便地承認或接受，豈不是太丟人，太沒有面子了嗎？

為了顧面子，小劉一方面繼續堅持自己的看法；另一方面也安排專人對裝置進行必要的維修和調整。但是由於貽誤了時機，問題最終還是爆發了，造成企業損失巨大。小劉在羞愧之中提出辭職。

從上面的例子我們知道，如果小劉能聽從那個普通技術員的意見，勇於面對自己的失誤，承擔自己該承擔的責任的話，那麼周圍的同事不僅不會看不起他，反而會覺得他能勇於改正自己的缺點和錯誤，是一位有膽有識的主管，值得尊敬。但是，他卻偏偏害怕丟臉，試圖維護自己在人們心中的權威和形象，最終造成了企業的損失。

所以，一個人有沒有責任心，展現在他面對企業的利益的流失時，能不能毫不猶豫地加以維護，並主動承擔責任。對於一個想獲得提升的員工，企業的任何一件事都是他的責任。

5. 責任表現在具有企業主角精神

企業主角精神是樹立專注的職業精神一個不可或缺的重要方面。無論何時何地，專注的員工總把工作當成自己的事業來經營，時刻以企業的主人身分維護企業的利益。

員工只有樹立企業主角的精神，才會全力以赴地努力工作。一旦你把自己當成企業的主人，就會對自己的所作所為負責，持續不斷地尋找解決問題的方法，主動克服生產過程和業務活動中的障礙。也只有這樣，你才能在企業中脫穎而出。那麼，員工怎樣才能樹立起企業主角精神呢？

首先，要以主管的心態要求自己。如果你把自己當成企業的主人而不是雇員，你就一定會把工作品質與業績提升到更高層次，也一定可以找到更恰當的方法來做到這一點。

其次，把企業的事當成自己的事，全心全意地投入到工作中去。在現代的企業組織中，工作範圍的界定是很模糊的，主管最看重把企業的事情當成自己事情的員工。因為當某位員工失職時，他不會眼睜睜地看著情況繼續惡化下去，而是想方設法進行補救。一個員工的工作士氣需要自己去保持，不要指望企業任何人在你的後面為你吶喊加油。只有你自己，才能為你的能源寶庫注入充沛的活力，為自己創造一流的工作能力。如果每天在上班時「混」工作，這樣的人是很難生存的，是缺乏企業主角精神的表現，損害的不僅是企業，更是員工自身的職場前途。

6. 視自己為企業的主人

英特爾總裁葛洛夫（Andrew Grove）應邀對加州大學柏克萊分校畢業生發表演講時，提出以下建議：「不管你在哪裡工作，都別把自己當成員工——應該把企業看做是自己開的一樣。事業生涯除了你自己之外，全天下沒有人可以掌控，這是你自己的事業。這樣你才不會成為失業統計資料裡的一分子。而且千萬要記住：從星期一開始就要啟動這樣的程序。」

像葛洛夫說的那樣，怎麼做才能塑造出這樣的生活狀態呢——把企業當成自己的家，把自己當成這個家的主人，為這個「家」的利益著想，對你的所作所為負起責任，並且持續不斷地尋找解決問題的方法。自然而然的，你的表現便能達到嶄新的境界，你的工作品格及從工作中所獲得的滿足感都掌握在你自己手中，你要負起全部的責任。挑戰自己，為了成功全力以赴，並且勇於挑起失敗的責任。不管薪水是誰發的，最後分析起來，其實你的主管就是你自己。

如果你做不到讓自己成為企業的主人，至少也要把自己視為企業的合夥人。葛洛夫曾經說過：「為我工作的人都得具備成為合夥人的能力，要是沒有這樣的潛力，我寧可不要。」

小玲就是靠著她把自己當做企業「主人」或「合夥人」的責任感，使自己一步步從一個普通的職員最終當上了公司的總務主任。

小玲原來在公司裡是一個普通的職員，做的是瑣碎的雜務工作：出外勤遞交文件、打掃環境衛生、清理垃圾等。工作瑣碎且辛苦，不過她總是盡心盡力，沒有怨言。小玲唯一的交通工具是一輛腳踏車，不管目的地在哪裡，晴天或雨天，她絕對堅持騎車，理由是響應環保，而且可以為公司節省交通費。

小玲連續五年上班全勤，無論颱風下雨從未遲到或早退，而且樂於助人。年年當選優秀員工。她自動放棄每兩週一次的週六休假，也從未填報加班費。小玲經過的公司角落，你不會看到不該亮的燈、滴水的龍頭，或是地上的紙屑。她似乎比主管還要珍惜和愛護公司，而且更是維護地球環境的實踐者。清理垃圾時她堅持實施垃圾分類，印壞的紙

張或是一些背面空白的廢紙，小玲都裁成小張分給同事做便條紙，其他廢紙，只要是可以回收的，就一一攤平後與廢紙箱一併捆綁賣給收廢紙的，並將得到的錢捐給工會。

小玲的工作不需要碩士或學士的學歷背景，但是她已經把企業視為自己的家了。她的境界贏得了同事們由衷的敬佩，尤其當擁有高學歷、高職業的員工抱怨工作不順時，看到小玲每天很認真的做事，也就無話可說了。

兩年後，各方面條件都再普通不過的小玲，在那些學士、碩士們的豔羨中被破格提升為總務主任，進入公司中層主管的行列。

7. 堅決保守企業的機密

這個社會充滿了各種誘惑，隨時可以讓一個人背叛自己信守的情感、道德和工作原則。在很多企業都有這樣的員工，他們為了一己私利，不顧老闆和企業的利益，將企業的商業機密出賣給別人。然而，這麼做一定會獲得成功嗎？

希爾是一家金屬冶煉廠的技術幹部，由於工廠準備改變發展方向，他覺得工廠不再適合自己，準備換一份工作。

由於希爾原來工作的工廠在行業上的影響力以及他自身的能力，他要找一份工作是輕而易舉的事情。很多企業很早以前就來挖過他，但是都沒有成功，這次是希爾主動要走，很多企業都認為是獲得他的絕佳機會。

很多企業都給出了很高的條件，但是希爾覺得這種高條件後面一定隱藏著另外一些東西。希爾知道不能為了某些優厚的報酬而背棄自己的某些原則。因此，希爾拒絕了很多企業的邀請。最後希爾決定去全美最大的金屬冶煉企業應徵。

面試希爾的是負責該企業技術的副總經理，他對希爾的能力沒有任何挑剔，但是卻向他提出了一個讓希爾很失望的問題：

「我們很高興你能夠加入我們企業，你的資歷和能力都很出色。我聽說你原來的廠家正在研究一項提煉金屬的新技術，聽說你也參與了這項技術的研發，我們企業也在研究這門新技術，你能夠把你原來廠家研究的進展情況和取得的成果告訴我們嗎？你知道這對我們企業意味著什麼，這也是我們聘請你來我們企業的原因。」那位副總經理說。

「你的問題讓我十分失望，看來市場競爭確實是需要一些非常手段，但是我無法答應你的要求，因為我有責任忠誠於我的企業，儘管我已經離開它了，但任何時候我都會這麼做，因為信守忠誠比獲得一份工作重要得多。」

希爾身邊的人都為希爾的回答感到惋惜，因為這家企業的影響力和實力比他原來的工廠要大得多，在這裡獲得一份工作是無數人夢寐以求的，但是希爾卻放棄了這個機會。

就在希爾準備尋找另一家企業的時候，那位副總經理寄了一封信給希爾，在信中他這樣說道：「年輕人，你被錄取了，並且是做我的助手，不僅是因為你的能力，更因為你的忠誠。」

每個企業都需要希爾這樣的職員，你只有成為這樣的人才能受到企業的重用。無論在哪個企業，你都應該保守企業和主管的機密，對企業的各種事情都不能隨便張揚，一定要守口如瓶。

身為一名員工，不要忘了自己的角色，你需要為企業爭取利益，而不是為你自己爭取利益。只有企業「發達」了，你才會跟著「發達」，萬萬不可越位。有時，企業與你個人在利益上也會發生衝突，這時你千萬不能把企業利益置之度外。

身為企業的職員，任何時候都要在心裡有一條準則：可為與不可為，絕不能因為一點私利而違背自己做人的準則。

8. 熱愛企業的產品

職場中的「傳教士」之所以能成為企業的優秀員工，就在於他熱愛公司的產品，就像熱愛自己的戀人一樣，朝思暮想，並渴望與別人分享自己的快樂。凡是業績較好的員工，都是對公司、對產品有熱情的人。

有一位業務員，他最初的工作就是在公司業務部裡銷售冷氣，雖然只是一份基礎銷售工作，可是這位業務員卻非常熱愛公司、熱愛公司生產的空調，他每天都認真向顧客解說產品，積極銷售產品，他的業績是所有業務員裡面最好的。後來，由於工作出色，他逐漸被提拔為組長、經理和企業高階主管，他的收入也從最初做銷售員時的幾百元上升了幾十倍。可見，只要熱愛公司、熱愛產品，就會有機會成功。

只有熱愛自己的產品，銷售才會有熱情。不管是業務員，還是公司的生產或管理人員，都應該放寬眼界，熱愛自己的產品，從手上的產品看到未來。

一個成功的總裁說：「身為一名優秀的業務員，首先要熱愛自己的產品，真正了解自己的產品。在此基礎上，在與客戶打交道的過程中，能做到善於傾聽，了解客戶的真正需求。沒有熱情，是無法愛上自己的產品的;同樣，沒有熱情，也是做不好銷售的。」

其實，抱著熱情，懷著「熱愛公司、熱愛公司產品」的心態，這不僅僅是對優秀業務員的要求。優秀的市場人員，優秀的企業管理者以及一線的生產者，何嘗不需要熱情，何嘗不需要抱著「熱愛公司、熱愛公司產品」的心態工作呢？

所有的企業，所有的企業老闆都在尋找「熱愛公司、熱愛公司產品，對工作充滿熱情」的員工。要成為一個優秀的

員工，你應該利用一切機會，表現你對公司及其產品的興趣和熱愛，不論是在工作時間，還是在下班後；不論是對公司員工，還是對客戶及朋友。當你向別人傳播你對公司的興趣和熱愛時，別人也會從你身上體會到你的自信及對公司的信心。當你從內心產生對公司、對產品的興趣和熱愛，世界回報給你的將是擁有成功。

9. 時刻為企業著想

許多企業都提倡無紙化辦公，但在實際操作中，避免不了要用到列印紙、信紙、包裝紙等辦公用品。這時，很多員工認為列印紙兩面用太麻煩，就隨手將可用一面的列印紙等丟棄到一邊，接著用嶄新的紙張。其實，這種習慣是很不好的，一方面是浪費了公司的財物，另一方面是製造了大量的垃圾。再有，用過的廢紙除了有機密文件的紙製材料可用廢紙機銷毀，其他的完全可以儲存在一個小角落，等待換取再生紙。這樣一來，既可以節省公司的財物，還能增加公司的財富，何樂而不為呢？

一位年輕人到一家大公司應徵。當他走進辦公室時，看到門邊有一張白紙，年輕人彎腰撿起白紙並把它交給了櫃檯小姐。結果，在眾多的應徵者中，這位年輕人戰勝了其他條件比他更好的人，成了這家公司的正式員工。公司主管在分配任務給他時說：「其實門邊那張白紙是我們故意放的，那是對所有應徵者的一個考驗，但只有你通過了。只有時刻為企業著想，懂得珍惜企業最細微的財物的員工，才能為公司創造財富。」

日常工作中的很多員工並不像這位年輕人，他們對單位財物的損壞、浪費視若無睹，紙張、原料、水電等，他們能揩油、占小便宜就不放過任何機會。他們以為上司看不到這些事情。實際上，即使在無人知曉的情況下，那也將損害員工自己的心靈和信仰，員工今後的工作態度和敬業程度，完全會因這件小事而變質、蛻化。

有兩個女職員，她們通過了層層選拔，被一家企業試用。其中的一個女員工發現自己的辦公桌下有一疊便條紙，她對另一個女士說：「拿一些回家當記事本吧。」於是她拿了，而另一個女士沒拿。這一切都落在了正準備進門的主管眼中。試用期滿後，拿便條紙的女士走了，而沒拿的則留了下來。

在我們的職業中，一次升遷機會的喪失可能毀於你出差的費用遠遠超過標準；一次解僱可能是因為你直接拿了公司不該拿的財物……這些小事看來無足輕重，卻反映了你是否能夠為企業的利益著想，這也便決定了你的命運。要知道，工作和職業就是你的生命和信仰，你千萬不能褻瀆它。

10. 千方百計維護企業利益和榮譽

一個忠誠的員工必然是維護企業利益的能夠維護企業利益的，員工都具有強烈的榮譽感。員工是企業的代言人，員工的形象在某種程度上就代表了企業的形象。員工在任何時候都不能做有損企業形象的事情，這也是一個員工最基本的職業準則。

有榮譽感的員工，他們會顧全大局，以企業利益為重，絕不會為個人的私利而損害企業的整體利益，甚至不惜犧牲自己的利益。事實上，有這樣想法的員工才有可能被真正地委以重任。往往是那些有集體榮譽感的員工，才真正知道自己需要什麼，企業需要什麼。沒有集體榮譽感的員工是不會成為一名優秀員工的。而具有集體榮譽意識的人，在任何一個團隊中都會受到歡迎。

現代企業的經營風險比傳統企業更大，身為員工有義務對企業所做的決定提出自己的真實想法，以及靈活地執行企業的決定。一個人無論他的級別高低，當他能夠為整個企業的利益勇於發表自己的想法時，說明他是將企業的利益當成了自己的利益。

如果你對於企業即將執行的決議有不同的看法或者認為這個決議有一定的缺憾，而這一點可能正是企業經理所忽視的，那麼你有義務和責任提出你的真實想法。相反，如果你不提出來，這正是你的不負責任和對企業的不忠誠，因為你沒能把企業真正地當成自己的企業。如果你是因為自己的職位太低或者自己只是一名普通的員工才沒提出來，那麼，可以告訴你，這根本就不是理由。因為一個真正忠誠於企業的員工，會時時為企業的興衰擔憂，甚至為此據理力爭。沒有人會嘲笑一個為企業利益著想的人，而且，老闆也會為你的忠誠感到驕傲。

從某種程度上來說，無法維護企業利益的員工是相當可怕的，特別是那些身居要職而又居心不良的「精明能幹者」。這種人參與企業的經營決策、了解企業的商業祕密，他們的某些行為甚至可能直接影響到企業的生存和發展。因此，一個企業所器重、所相信的職員，往往都是那些可信賴的維護企業利益的人。

當你發現或認為領導者的指示有誤，可以透過委婉的方式向領導者反映或提出建議，如果一時難以協調，則暫時保留意見，但不可以在行動上採取消極態度，或拒絕完成任務。在提意見時還要注意申明理由，提出改進措施，供領導者決策時參考。

11. 把企業的事當做自己的事

任何一個企業的職員都必須清楚，在現在的企業組織裡，工作範圍的界定其實只是每個人所該做的最小範圍。對工作有著雄心和熱情的員工，絕不會將自己局限在固有的工作範圍之內，他們知道要想在工作上有一番成就，就必須不斷尋找學習的機會，擴大自己對企業的貢獻。

現在很多企業的主管越來越不喜歡僱用那種只知道每天固定朝九晚五，缺乏獨立思考能力和創造力的員工。想要用「那又不關我的事」作為推託之辭來逃避責任，可能在十幾年前的生產線上還有用，可是到了今天，這一套已經沒有用了。身為一名員工，每天都要這樣提醒自己：你必須獨立思考並且積極主動。假設有某位員工失職，其他人所應做的，不是眼睜睜地看著情況繼續惡化下去，而是想辦法補救。

在現實中，很多主管最看重的就是把企業的事情當成自己事情的人，這樣的職員任何時候都敢作敢當，勇於承擔責任。責任感任何時候都是很重要的，不論對於企業還是家庭和社交圈子都如此。

只有主動地對自己的行為負責、對企業和上司負責、對客戶負責的人，才是上司心目中最優秀的員工。

一家工具廠的主管，有一天向人抱怨材料供應商辦事效率極低。「如果沒辦法如期拿到材料，我們公司就無法準時交貨了。下個禮拜我們有一批很重要的貨要發出去，可是有個零件到現在還沒到，本來一個月前就該送到我們公司了！那家材料供應商根本也沒在想辦法，我們公司也一樣！」

公司的總經理問他道：「那對於這個問題，你做了什麼呢？」他一臉驚愕地回答說：「喔，我剛剛知道有這個問題，可是這不關我的事，那不是我部門負責的，也不在我的工作範圍之內。」

像這位主管一樣把自己的職責範圍劃分得很小的人，通常對企業的事務缺乏熱情，這樣的人永遠也難以在上司心中留下好印象。

任何時候，「企業的事就是我的事」不是一句簡單的口號，而是有責任感的員工的自我意識。

12. 為企業不斷創造利潤

現代社會是一個「利潤至上」的年代，每一個公司為了生存和發展也不得不秉承這一原則。因此，身為員工，首先要考慮的就是你為企業賺了多少錢，高過你的薪水了嗎？千萬不要認為這是企業在剝削你，要知道，如果企業不賺錢，又怎麼養活企業的每個員工，怎麼去服務社會呢？每個企業都要求員工必須具備這樣一個簡單而重要的觀念。

紐約一家金融公司的總裁曾經告訴全體員工：所有的辦公用紙必須要用完兩面才能扔掉。這樣一條規定在很多人眼裡看來幾乎不可思議，一定會以為這位總裁肯定是一個無比吝嗇的人，在一張紙上都要做文章。但是，這位總裁這麼解釋道：「我要讓每一個員工都知道這樣做可以減少公司的支出，儘管一張紙沒有多少錢，但是卻可以讓每個員工養成節省成本的習慣，這樣就能增加公司的利潤。因此，這樣做是十分重要的。」

千萬不要認為一個老闆只有生產人員和行銷人員才能爭取客戶。增加產出為老闆賺錢，企業所有的員工和部門都需要積極行動起來，為企業賺錢。

因為每個企業要產生利潤，就必須依仗開源和節流。不直接與客戶打交道的人最低限度也應成為節流高手。否則，浪費會使企業到手的利潤大打折扣。

如果你十分明白自己對企業盈虧有義不容辭的責任，就會很自然地留意到身邊的各種機會，而且只要積極行動就會有收穫。

迪克是一家超級市場推銷雞蛋的店員，進入公司不久，他就取得了不錯的銷售業績，得到了主管的褒獎。他是這樣做的：

在鮮奶櫃檯或飲料櫃檯前，顧客走過來要一杯麥乳混合飲料。

他總是微笑著對顧客說：「先生，您想在飲料中加入一顆還是兩顆蛋呢？」

顧客：「哦，一顆就夠了。」

這樣就多賣出一顆蛋。在麥乳飲料中加一顆蛋通常是要額外收錢的。

讓我們比較一下，上面那句話的作用有多大。

員工：「先生，您想在您的飲料中加一顆蛋嗎？」

顧客：「哦，不，謝謝。」

由上可見，積極的行動和賺錢的責任感結合起來是多麼重要！

如果你想在競爭激烈的職場中有所發展，成為老闆器重的人物，就必須牢記，為企業賺到錢才是最重要的。請立即以此為目標動手改善你的工作。千萬不要以為只要做一個聽上司話的職員就夠了，你應該想方設法為企業創造價值，因為，企業請你來就是希望你能夠為企業創造價值的。因此，無論你是開展工作，還是服務於上司，你都要把為企業創造利潤作為你最重要的目標。

第二章
培養對團隊的責任心

不管多麼偉大的企業，都必須依靠員工貢獻出他們的才能和力量，才能創造出輝煌的成果。

1. 對團隊要具有責任心

企業是一個團隊組織，企業的成功與全體員工的團隊合作是分不開的。西方有句名言「樹木因為它的果實而聞名，果實因為樹木而豐碩」，每個優秀員工的形象不僅代表著自己，影響著自己，同時也代表著企業，影響著企業，他們是密不可分的。只有每個員工都具有了合作意願和共同的合作方式，企業才能真正地強大起來。

拳頭傷人之所以要比手指傷人或者巴掌傷人痛得多，因為當拳頭攥緊時，整隻手上的全部力量都凝聚在拳心，使它更強大！如果一支軍隊能夠攻城略地百戰不殆，它最大的特徵就應該是人和。對於一支優秀的團隊來說同樣如此，強大的凝聚力是他們成就夢想、創造輝煌的致勝法寶。

把企業當做自己的家是一種服務企業力量的源泉，是對企業的忠誠，是對工作的敬業，是一種難得的團隊精神，更是一個優秀員工應該具備的優良品德。當一個人忠誠於企業的時候，他會以企業的興衰成敗為己任，以企業發展為思考的方向，會真正把企業當成自己的家，會願意為企業做出超值的付出，是真正地融入集體，是真正的團隊精神！

團隊精神是企業成功的要訣之一，也是企業衡量一個員工是否優秀的標準之一，一個企業的政策的延續性和它的團隊精神密不可分，員工的團隊精神是否能得到發揚，是決定工作成果的最為重要的因素。

企業業績來自於哪裡？從根本上說，首先來自於團隊成員個人的成果，其次來自於集體成果。一句話，團隊所依賴的是優秀員工個體成員的共同貢獻而得到的實實在在的集體成果。這裡恰恰不要求團隊成員都犧牲自我去完成同一件事情，而要求團隊成員充分發揮主觀能動性做好每一件事情。身為一名員工，在企業中要以企業的利益為重，有協調配合、盡忠職守、團結同事的意識，這就要求每個員工都要以企業的整體利益為最高利益，圍繞共同的目標奮鬥不息。

如果每個員工都自覺考慮到企業的整體利益，當遇到難題不知所措時，就去尋找根本，想一想如何做能實現企業利益的最大化，然後就義無反顧地去做。這樣的員工就不會因為工作中跟相關部門的摩擦而耿耿於懷，也不會因為同事之間意見的分歧而斤斤計較，員工之間才能真正做到團結，協同作戰，共同建設有強烈凝聚力的企業。同時，團隊精神對於我們處理個人發展與企業發展之間的關係問題很有益處，在這樣的團隊裡員工就不會去計較自己一時的得失，而是把眼光放得長遠一些，以一種事業心來做事，也就是真正把自己個人的發展融入到企業的發展當中去了。

「天才的唯一取代就是團隊合作」。團隊效應既可以發揮每個人的最佳效能，又可以產生最佳的群體效應。優秀的員工既是團隊的一員，又應是培育、塑造、發揮團隊作用的楷模。

個人強並不表示組織就強，個人優秀並不表示組織就優秀，如果個人很優秀，但各自朝向不同的目標「努力」，力沒往一塊出，許多人的力量會被抵消、浪費，整體運作只能呈現分散的功能，造成混亂，使團隊管理更加困難。

企業的每個成員都有很強的團隊精神，才能做到使團隊成員整體搭配與實現共同目標的能力，最大限度地使這種「合力」取得最大值。

組織成員各自的目標不同，但很少溝通，雖談不上精誠團結，但能「存小異而求大同」，儘管從表面看不出什麼問題，但內部渙散，隱患不時有所表現。這樣的團隊需要建立自身的基本活動規則，包括一定深度的會談，資訊交流、明白遠景目標的調和，掌握相互寬容的藝術等等，做到這些就意味著團隊很容易為實現「共同目標」而努力「奉獻」。

2. 員工應有團隊的崇高責任感

工作就意味著責任，世界上沒有不必承擔責任的工作。責任是員工的立業之本，是組織最需要的一種精神特質。敬業的員工都具有崇高的責任感，沒有責任感的專注或許最終會落得一場空，造成功虧一簣的結局。

敬業的員工都有崇高的責任感，因為他不會天天想到走人，而是想在企業堅持工作下去，因為他的成績好壞直接關係著他的利益。一個朝三暮四的員工肯定不會有責任感，因為他是抱著得過且過，當一天和尚撞一天鐘的思想。

老闆心目中的敬業的員工個個都具有崇高的責任感，這樣的員工主動對自己的行為負責，對企業和老闆負責，對客戶負責。也只有這樣的員工，才能專注於企業的利益，專注於本職工作。

承擔責任是一個具有敬業精神的員工勇於負責的表現，但承擔責任也要分清責任，不能盲目承擔責任。企業對每一件工作都有安排，該誰負責的就由誰負責，不能擅自去做他人的工作；如果爭著承擔責任，一方面會帶給責任人僥倖心理，另一方面也會帶給自己諸多煩惱。

因此，敬業員工要具有崇高的責任感，除了勇於承擔關於工作的責任，更重要的是完成好工作的責任，包括保質保量、高效以及安全的工作績效責任，這才是最崇高的責任。

3. 責任代表著崇高榮譽

責任是一種精神，責任就是榮譽。責任來自於對集體的珍惜和熱愛，來自於對集體每個成員的負責，來自於自我的一種認定，來自於生命對自身不斷超越的渴求 —— 責任是人性的昇華。

榮譽來自責任，當一個人聽從內心中職責的召喚並付諸行動時，才會發揮出他自己最大的效率，而且也能更迅速、更容易地獲得成功。

努力工作，忠誠於企業，在捍衛企業榮譽的同時，也樹立了你自己的榮譽。你會受到人們的尊敬，人們會把最高的榮譽給你。這裡有一個關於種花人的故事，它正說明了這個道理。

從前有一個人，生下來就雙目失明，為了生存。他繼承了父親的職業 —— 種花。他從來沒有看到花是什麼樣子。別人說花是嬌美芬芳的，他有空時就用手指尖觸摸花朵、感受花朵，或者用鼻子去嗅花香。他用心靈去感受花朵，用心靈繪出花的美麗。

他對花的熱愛超出所有人，每天都定時為花澆水，拔草除蟲。在下雨的時候，他寧可淋著，也要幫花撐把傘；炎熱的夏天，他寧可晒著，也要給花遮陽光；颳風時，他寧可頂著狂風，也要用身體為花遮擋……

不就是花，值得這麼呵護嗎？不就是種花，值得那麼投入嗎？很多人甚至認為他是個瘋子，「我是一個種花的人，我得全身心投入到種花中去，這是種花人的榮譽！」他對不解的人解釋說。正因為他為了榮譽而種花，他的花比其他所有花農的花都開得好，很受人歡迎。

這句質樸的話卻不是一般人能夠發自內心說出來的，你能不能由衷地說「我是員工啊，我得全身心投入到工作中去，這是員工的榮譽」呢？

商場如戰場，企業就如同一個部隊。要想在商場上取得勝利，要讓企業生存下去，就需要每一個員工來捍衛企業的榮譽。

為榮譽而工作，當然不是叫你去打去殺。只有最優秀的企業，才有存在的價值；只有服務於社會，才會獲得社會給予的榮譽。榮譽來自於忠誠，為榮譽而工作，就是在平凡的工作職位上做出最出色的成績，讓企業優秀起來，讓企業更好地為社會服務。

為榮譽而工作，就是主動爭取做得更多，承擔更多的責任，為榮譽而工作，就是自動自發，最完美地履行你的責任，讓努力成為一種習慣。

只要你能時刻把職責視為一種天賦的使命，時刻在工作中盡心盡責，你就能在工作中忘記辛勞，得到歡愉，就能獲得企業回報的最高榮譽。

4. 保持你在團隊中的使命感

你身為團隊的一員，要想獲得賞識，脫穎而出，就必須有服從的意識和崇高的使命感。

知道團隊的目標

克萊門特·史東（Clement Stone）說道：「當你明白了自己的任務的重要性時，你會感到這是對自己的一種需要，它使你感到興奮並熱切地希望馬上開始工作。」這種願望對一個團隊來說是不可或缺的。

遵從團隊領導的指揮

服從主管的要求是你應做的事。具有使命感的隊員應該服從團隊領導的指揮。

無論什麼時候，任何隊員妨礙了領導者的領導作用，就會妨礙團隊整體目標的實現。有使命感的隊員明白什麼是領導。正如領導學專家沃倫·本尼斯所說：「領導具有把遠見轉化為現實的能力。」對於想獲勝的團隊而言，必須確保領導人能發揮其領導作用。

把團隊的任務放在首位

團隊工作有時需要個人做出犧牲，好的隊員把團隊的利益放在個人利益之上，這是完成團隊任務所必需的。

做該做的事情

很顯然，為了完成團隊的任務，無論主管分配了怎樣的任務給你，你都應願意去執行並認真去執行。如果團隊的成功需要你妥協，或者需要你嘗試新的事物，或者必須按議事日程辦事，那你就應堅決去做，毫無怨言地去做。

5. 讓自己具有強烈的團隊責任感

在一個團隊裡，最需要的就是成員們的合作和彼此的責任感，只有這樣，團隊的目標才能最終實現。

有這樣一個故事，我們讀後一定會有所感悟。

在一列火車上，有一位婦女將要臨盆。列車員廣播通知，緊急尋找一位婦產科醫生。這個時候，有一位婦女站出來了，說她是婦產科的，列車長趕忙把她帶入一間用床單隔開的病房。

毛巾、熱水、剪刀、鉗子什麼都到位了，只等最關鍵的時刻到來。那位自稱來自婦產科的婦女此刻非常著急，將列車長拉到產房外，說明產婦出現難產，情況緊急，並告訴列車長自己其實是婦產科的一名護士，並且由於一次醫療事故而被醫院開除了，今天這個產婦情況不好，人命關天，她自知能力不夠，建議立即送往醫院搶救。此時，產婦由於難產而非常痛苦地尖叫著，而列車距離最近的一站還要行駛一個多小時。列車長鄭重地對她說：「妳雖然只是一名護士，但在這趟列車上，妳就是醫生，我們相信妳！」列車長的話打動了這名護士，她準備了一下，走進產房時又問：「如果在不得已時，是保小孩還是保大人？」

「我們相信妳！」列車長又鄭重地重複了一遍。這位婦女明白了，她堅定地走進產房。列車長輕輕地安慰產婦，說

現在正由一名專家為她助產，請產婦安靜下來好好配合。

出乎意料的是，那位婦女幾乎單獨完成了這個手術，嬰兒的啼哭聲宣告了母子的平安，而強烈的責任心讓這位婦女完成了她有生以來最為成功的手術。

強烈的責任感能喚醒一個人的良知，也能激發一個人的潛能。但在生活和工作中，隨處可以見到這樣一些人，他們失去了自己的責任感，只有等別人強迫他們工作時，他們才會不情願地去工作，他們從來沒有真正考慮過自己體內到底有多少潛能。

一個有責任感的員工，當他的團隊面臨挑戰和困難時，他會迸發出比以往強大若干倍的能力和勇氣，因為他知道，很可能因為他的懦弱而讓團隊承受巨大的損失，只有勇敢地面對，才有可能真正擔當起責任，才不會讓團隊遭受損失。

一個逃避困難、不敢面對挑戰的員工，很難讓人相信他會真正為團隊擔當什麼責任，這樣的人，有誰敢賦予他更大的使命呢？

團隊的成功靠的是成員對團隊的責任感，成員的成功靠的是彼此的責任感。

6. 對團隊責任心的展現

身為企業裡的一名職員，必須要從團隊的角度出發，樹立起自己對團隊工作認真負責的信念。每一個企業都類似於一個大家庭，其中的每一位成員都僅僅是其中的一分子而已，只有每一個人都具備了團隊工作的責任心，才能對團隊的工作認真負責，才能確保工作的落實。

下面我們透過一個故事來講述這個道理。

江先生是某家企業的一名優秀行銷員，他所在的部門，因為團隊工作非常出眾，而使每一個人的業務成績都十分突出。

後來，這種和諧融洽的合作氛圍被江先生破壞了。前一段時間，企業的高層把一項非常重要的專案安排給江先生所在的部門，江先生的主管反覆斟酌，猶豫不決，最終沒有拿出一個可行的工作方案。而江先生則認為自己對這個專案有非常周詳而又容易操作的方案。為了表現自己，他沒有與主管磋商，更沒有向他貢獻出自己的方案。而是越過他，直接向總經理說明自己願意承擔這項任務，並向他提出了可行性方案。

從這個故事中，我們可以看出，江先生的這種做法嚴重地傷害了部門經理的自尊心，破壞了團隊的正常工作秩序。結果，當總經理安排他與部門經理共同操作這個專案時，兩個人在工作上無法達成一致意見，產生了很大的分歧，導致了團隊內部出現了分裂，團隊精神渙散了下來。專案最終也在他們手中流產了。

一個員工只有從團隊的整體角度去考慮問題，才能更好地展開工作，也只有兼顧團隊的利益，才能獲得團隊與個人的雙贏結果。

7. 以管理者心態對待團隊

有人曾說過，一個人應該永遠同時從事兩件工作：一件是目前所從事的工作；另一件則是真正想做的工作。如果你能將該做的工作做得和想做的工作一樣認真，那麼你一定會成功，因為你在為未來做準備，你正在學習一些足以超越目前職位，甚至成為主管的技巧。這樣，當時機成熟，你就可以大展宏圖。

當你精熟了某一項工作，不要只陶醉於一時的成就，而是應該趕快想一想未來，想一想現在所做的事有沒有改進的餘地？這些都能使你在未來取得更長足的進步。儘管有些問題屬於老闆考慮的範疇，但是如果你考慮了，說明你正朝老闆的位置邁進。

如果你是老闆，你對自己今天所做的工作完全滿意嗎？

別人對你的看法也許並不重要，真正重要的是你對自己的看法。回顧一天的工作，捫心自問一下：「我是否付出了全部的精力和智慧？」

如果你是老闆，一定會希望員工能和自己一樣，將企業當成自己的事業，更加努力，更加勤奮，更積極主動。因此，當你的上司向你提出這樣的要求時，請不要拒絕他。

以老闆的心態對待企業，你就會成為一個值得信賴的人，一個老闆樂於僱用的人，一個可能成為老闆得力助手的人。更重要的是，你若全力以赴，完成自己的工作，一定會心安理得。

一個將企業視為己有並盡職盡責完成工作的人，終將會擁有自己的事業。許多管理制度健全的企業，正在創造機會使員工成為企業的股東。因為人們發現，當員工成為企業所有者時，他們表現得更加忠誠，更具創造力，也會更加努力工作。有一條永遠不變的真理：當你像老闆一樣思考時，你就成為了一名老闆。

以管理者的心態對待企業，為企業節省花費，企業也會按比例給你報酬。獎勵可能不是今天、下星期甚至明年就會兌現，但它一定會來，只不過表現的方式不同而已。當你養成習慣，將企業的資產視為自己的資產一樣愛護，你的上司和同事都會看在眼裡。

然而，在今天這種狂熱而高度競爭的經濟環境下，你可

能感慨自己的付出與受到的肯定和獲得的報酬並不成比例。下一次，當你感到工作過度卻得不到理想薪資、未能獲得主管賞識時，記得提醒自己:你是在自己的企業裡為自己做事，你的產品就是你自己。

假設你是老闆，試想一想你自己是那種你喜歡僱用的員工嗎？當你正考慮一項困難的決策，或者你正思考著如何避免一份討厭的差事時反問自己：如果這是我自己的企業，我會如何處理？當你所採取的行動與你身為員工時所做的完全相同的話，你已經具有處理更重要事物的能力了，那麼你很快就會成為老闆。

為了自己的利益，每個老闆只保留那些最佳的職員。同樣，也是為了自己的利益，每個員工都應該意識到自己與企業的利益是一致的，並且全力以赴努力去工作。只有這樣，才能獲得老闆的信任，才能在自己獨立創業時，保持長盛不衰的勢頭。

8. 服從團隊的整體目標

想獲得成功，做一名優秀的團隊成員，首先必須服從團隊的整體目標。所謂服從目標，換句話說，就是行動要服從於目標。為什麼要提出這個問題呢？因為行動若與目標背離，不依目標的要求行事，是一種十分常見的錯誤，也是許多人最後目標落空，陷於失敗的常有教訓。

美國學者莫利斯博士從成功學的角度指出：一般人的行為，經常與他的夢想或目標不一致，這種現象十分普遍，達到了令人吃驚的程度。其實，每個人都會犯這個毛病，只是程度不同罷了。而常犯這種毛病，無疑是在自己前進的道路上放置障礙物，阻礙自己邁向成功。

不服從於目標的主要表現，就是行動與目標的要求不相一致，莫利斯博士舉例說：售貨員的目標是步步高陞，行動卻是對顧客蠻橫無理；做丈夫的希望家庭美滿，卻對自己的妻子漠不關心；有人急於找到工作，卻對電視節目十分鍾情，把寶貴的時間大量耗在電視機前，或者整日與朋友廝混，有的公司希望與客戶和供應商建立相互信任的關係，提升自己的信譽，行動卻是三天兩頭耍花招，欺詐不斷；某個癮君子發誓戒菸，卻在家裡和車上私藏香菸……諸如此類的事情，在我們的生活中確實經常見到。有的出於本能，有的出於愛好，有的出於習慣，總之，所有這一切，均出於對目標的不服從。

很多人因為這種心不在焉的狀況失敗甚至造成悲劇。例如，想在政界出人頭地的大有人在，不少人把自己成功的目標定於此。可是，很多人的失敗就在於對目標的不服從。美國前總統布希在任期間，白宮辦公廳主任蘇努努（John Henry Sununu），就是這樣一個失敗的例子。他本來與布希交情甚

篤，可以說把成功的目標定為輔佐布希，以求步步高陞。而他的行動呢，卻老是害布希總統惹麻煩，迫使布希免了他的職。

據說，約翰·蘇努努在美國政界可謂平步青雲，最後毀於挪用公款等腐敗行為。這種行動就是他不服從於自己從政目標的核心所在。

一個深得總統器重、自己也想步步高陞的人，就因為貪圖公家的便宜而中途落馬。從目標與行為的關係角度來分析，蘇努努問題的癥結就在於，他的行動與自己的目標不相吻合，行動沒有服從於目標，這就導致了他最後的失敗。

員工可以從這件事情當中得到啟發：本來可以成功的事情，就因為與最初的目標不相符合而功敗垂成。

為什麼服從目標有時顯得那樣難呢？一個重要原因，是服從目標需要付出較大的努力，需要克服許多人性的弱點，需要對自己的欲望嚴加約束。蘇努努貪圖公家的便宜，這對他來說，就是一個欲望，任其氾濫，雖然表面風光，卻誤了大事。反之，有些業有所成的人，之所以取得了成功，實現了目標，一個很大的原因就是善於節制自己的欲望。從這個意義上說，能否服從於自己的成功目標，關鍵在於有沒有毅力節制自己的欲望。

實際上，服從目標，絕不是一件簡單的事，因為人人有這樣那樣的欲望，節制欲望需要付出極大的毅力，從更高的層次說，需要有堅定的理想信念，需要有強大的精神支柱。

9. 確保實現團隊的目標

一旦加入某個團隊，那些成功的職場人士會像在其他專案中一樣完成好自己的那份工作：他們會準時按照計畫在預算支出範圍內完成任務。

另一個引人注目的地方是他們會運用其他的菁英工作策略，比如創新能力、多方面分析問題以及自我管理。

比如說，他們會按時完成工作，如果遇到問題的話，會請求延期，會提早通知負責人和其他成員。在完成工作以後，他們還會聽取小組其他成員的看法，在提交工作前徵詢他們的意見。

另外，他們還關心小組的動作是否合理。比如，他們會注意任務的分配是否平均。這並不是說每個人要做同等程度的工作。他們真正關心的是要「公平分配」。所有的髒活累事都是一個人在做嗎？有沒有人在逃避枯燥乏味的工作？

而且，他們在完成自己工作的過程中並不是自顧自的。實際上，當有些人小孩生病時，是他們接替了那個人的工作，當有人無法按期完成工作時，是他們施與了援手。但是卻從來不只顧炫耀自己的成就，大多數人都勤勤懇懇的工作。這是他們總能成為大家效仿的榜樣的原因之一。

而且他們很高興別人對自己提出批評，並會很快改正自己的錯誤。他們在開會前都做了充分地準備，但是如果有意想不到的問題出現也會靈活應變。

這些成功人士對那些花大量時間討論無關緊要的問題的會議進行制止。他們靠著豐富的經驗和良好的溝通能力及時地糾正這些錯誤，並將討論引導正確的軌道上來。

10. 沒有任何藉口

藉口往往與責任相關，高度的責任心產生出色的工作成果。要做一個優秀員工，就要做到沒有藉口，勇於負責。

我們要勇於承擔責任，承擔與面對是一對姐妹，面對是勇於正視問題，而承擔意味著解決問題的責任，讓自己擔當起來。

沒有面對問題的勇氣，承擔就沒有基礎；沒有承擔責任的能力，面對就沒有價值。

放棄承擔，就是放棄一切。假如一個人除為自己承擔之外，還能為他人承擔，他就會無往而不勝。

人們必須付出巨大的心力才能夠成為卓越的人，但是如果只是找個藉口搪塞為什麼自己不全力以赴的理由，那真是不用費什麼力氣。某個企業的一個被下屬的「藉口」搞得不勝其煩的經理在辦公室裡貼上了這樣的標語：「這裡是『無藉口區』。」

他宣布，8 月分是「無藉口月」，並告訴所有人：「在本月，我們只解決問題，我們不找藉口。」

這時，一個顧客打來電話抱怨該送的貨遲到了，物流經理說：「的確如此，貨遲了。下次再也不會發生了。」

隨後他安撫顧客，並承諾補償。結束通話電話後，他說自己本來準備向顧客解釋遲到的原因，但想到 8 月是「無藉口月」，也就沒有找理由。

後來這位顧客向企業總裁寫了一封信，評價了在解決問題時他得到的出色服務。

他說：沒有聽到千篇一律的託詞，令他感到意外和新鮮，他讚賞企業的「無藉口運動」是一項偉大的運動。

許多員工都習慣於等候和按照主管的吩咐做事，似乎這樣就可以不負責任，即使出了錯也不會受到指責。這樣的心態只能讓人覺得你目光短淺，而且上司永遠不會將你列為升遷的人選。

勇於負責，表面上是為工作負責、為老闆負責，實際上是為自己負責。

勇於負責就要徹底摒棄藉口，藉口對我們有百害而無一利。建議那些愛找藉口的員工像上面例子中的經理一樣，為自己設立一個「無藉口月」。

很多人遇到困難不知道努力解決，而只是想到找藉口推卸責任，這樣的人很難成為優秀的員工。

其實藉口是可以克服的，只有勤奮努力地工作，才能讓你找到成就感，這樣在工作中幾乎就沒有什麼事情需要你找藉口了。

「拒絕藉口」應該成為所有企業奉行的最重要的行為準則，它強調的是每一位員工想盡辦法去完成任何一項任務，而不是為沒有完成任務去尋找任何藉口，哪怕看似合理的藉口。其目的是為了讓員工學會適應壓力，培養他們不達目的永不罷休的毅力。它讓每一個員工懂得：工作中是沒有任何藉口的，失敗是沒有任何藉口的，人生也沒有任何藉口。

11. 創造快樂工作的團隊環境

快樂工作有什麼意義呢？什麼是快樂？快樂是人們孜孜以求的終極目標，建立在真正良好的社會關係和社會秩序之上的快樂，應該是自覺的、自發的、無所不在的，但絕對不是孤立的。人們不可能脫離現實社會，尋得烏托邦似的精神上的解脫和簡單慰藉，更多的時候，人們總在互相給予和互相激勵的狀態下獲得快樂，在形形色色的各種複雜關係裡獲得依存，因而，家庭、至親好友，師長同事、生意夥伴等等，不一而足，都以一定的紐帶維繫在一起，形成大大小小的團隊。在這些團隊關係裡，有親情，有友情，也有工作上建立起來的合作，快樂時時刻刻都能彰顯，快樂也寓於無窮的矛盾之間，只要你認真地相處、認真地尋找，並加以細心體會，快樂還是可以一覓芳蹤的。

因此「快樂工作」具有開創性的意義，這不僅對當今認為工作是負擔的人是一大福音，而且也是構建和諧社會的一大指標。

如何才能快樂地工作呢？在與大家交流的過程中，這是大家幾乎都會談到的一個問題。工作是物質的基礎，快樂是精神的享受。工作不僅僅是為了謀取薪水，而是我們每個人生活和價值實現的展現。假如我們無法選擇工作，何不嘗試改變對工作的態度，讓自己快樂起來！所以，端正的工作態度很重要。

「快樂工作」成就高績效。最佳的工作效率來自於高漲的工作熱情，我們很難想像，一個對工作毫無興趣的人會全身心地投入工作，得到很好的工作業績。快樂工作會讓人更好地發揮想像力和創造力，取得驚人的成績。但是，要使大家永保工作的熱情談何容易？

工作就像一場「馬拉松」，參加過長跑運動的人都知道，「極限」是否成功突破對於長跑的成功十分關鍵，在1,000 公尺、10,000 公尺的角逐中，人的體力與耐力在不斷地消耗，最後到達「極限」值，如果沒有突破就會功敗垂成。所以我們大家統一了對「工作」的認知，對「工作」的觀念加以轉變：傳統上，員工與企業結成的是契約的關係，在這種關係下，工作是為了賺取收入，而賺取收入是為了「做自己真正想做的事」，因而，在某種意義上，工作是員工實現自己願望的一種工具。

我們提倡「快樂工作」，實現自我超越，必須擺脫「工具性」的工作觀，把工作視為美好人生的一個重要部分，是「自己真正想做的事情」，從而領悟「快樂工作」的內涵。而「快樂工作」是會傳染的，特別是在團隊中，在一個個面帶微笑、積極工作的人面前，你很難保持懶散的態度。「快樂工作」的人會散發出健康、愉悅、進取的光芒，使團隊的人際關係變得容易溝通，創造力能發揮到極致，使得大家工作起來身心健康。

無論現實多麼不盡如人意，我們也可以慢慢累積。很多時候，決定一切的是態度，有了正確的態度，就可以將壓力轉化為動力，踏上成功的舞臺。

聰明人任何時候都會把他所服務的企業當做自己的。這當然不是自欺欺人，而是聰明人知道，只有具備這樣一種主角精神，他才能夠最大限度地從工作中學習，才能夠最大限度地受益，才能夠最大限度地做到「快樂工作」。

也許你在普通職位，但不要自卑，也許你身居要職，但也無須自傲，只要腳踏實地把自己的工作做到位，持之以恆，永不鬆懈，你就會發現自己的心胸越來越寬廣，所以不論做什麼事，有快樂的心態確實是很重要的。快樂工作是自己以一種快樂的心態去工作，把工作快樂化，使自己每天以嶄新的眼光、積極的心態去對待屬於自己來之不易的一份工作。熱愛你的工作，從平凡的工作中感受到它的不平凡之處，那樣就會感受到工作後的快樂。我們擁有良好團隊環境，也就擁有了快樂的重要因素。

12. 與團隊成員和諧相處

員工與團隊和諧相處就是要達成一個寬鬆和諧、政令暢通、人和氣順、運轉有序、蓬勃發展的良好氛圍。具體而言，主要有以下幾個方面的內容：

和諧、融洽、健康向上的人際關係

團隊活動的主體是人，和諧的團隊首先必須要有一個和諧的人際關係。這種關係主要表現在人與人之間相互尊重、相互理解、相互支援，既有個人自由發展空間、充分展示自己的才華、發揮自己的創造力的平臺，又有全員之間的相互配合、團結友愛、互守誠信、相互促進的團隊精神。這是評價一個團隊是否和諧的首要標準。和諧團隊就是要人和，人和出凝聚力、出戰鬥力、出生產力，人和出感情、出健康、出效率。

（1）展現相互尊重，創造和諧環境。一是加強自身的思想道德教育，做到以德服人，以德感人，以德聚合人心。二是正確對待同事與同事之間、員工與主管之間、主管與主管之間的交流，做到互相尊重，互相信任，互相關心，互相幫助，互相合作，互相學習，和睦相處，共同進步。三是遵紀守法。做到依法辦事，遵守各項規章制度。只有這樣，才能使人際關係更加和諧，更加長久。

（2）平等競爭，營造良好氛圍。在工作上做到「三分三合」，即職能上分，思想上合；工作上分，目標上合；責任上分，決策上合。要加強團結，相互尊重，形成上下齊心協力做事業，一心一意謀發展的良好局面。

高效、規範、運轉有序的工作機制

和諧的團隊必須有一個良好的工作秩序，這是衡量團隊和諧的另一個重要標準。良好的工作秩序包括：一是規章制度科學實用。透過各項制度的落實，達到做好工作的目的。而制度務必要實用、有效，否則形同虛設。二是激勵機制科學到位。設定的激勵機制真正能啟用單位員工的內驅力，在單位員工中能真正形成一個人人比貢獻、個個創佳績、你追我趕、奮發向上的良好工作氛圍，形成既有民主，又有集中，既有自由，又有紀律，既有統一意志，又有個人心情舒暢的生動活潑的局面。三是工作成效明顯突出。這是一個單位最終的價值取向。工作沒完成，工作完成的不好，一切都無從談起。

和諧、優美、舒心的工作環境

要處理好各種關係，要多請示、多匯報，多協調、多溝通，努力營造一種關心、重視和部門支援配合的和諧外部環境。

13. 與團隊其他成員友好合作

懂得了合作精神的重要以後，我們必須著手與別人合作，這是獲得成功的關鍵。

不要表現得比別人聰明

如果你想獲得別人的合作和支援，你就得表現得比別人「笨」一點，這樣，他們才會心甘情願地與你合作。

大多數的人都想讓別人同意自己的觀點，於是他們就不停地說，尤其是業務員，更是經常犯這樣的錯誤，他們盡量不讓對方說話，好像是在告訴你，他對你的事業和你的家庭狀況，要比你了解的多。

如果你不同意他的看法，你當然會反駁他的意見，也許你會打斷他的話，但是請不要那樣做，因為那樣做是很危險的。當他有很多話急著說出來，急著要告訴你的時候，他是不會理睬你的。所以你要耐心地聽著，用一種寬容的態度聽著。你要真誠地聽他把他想要表達的意思說完。

每個人最重視的就是自己，所以他們總是不停地談論自己，你給他這個機會，他就會對你產生好感。

法國有一位哲學家曾經說過：「要是我想樹敵，我只要表現得處處比他強，處處都壓著他就行了。但是，如果你想和別人交朋友，你就一定要讓你的朋友超過你。」

這是為了什麼呢？當朋友比我們強的時候，他就會產生一種優越感。但是當我們凌駕於他們之上的時候，他們就會因為自卑而產生嫉妒或者不滿的感覺。

所以，請謙虛地對待你周圍的一切，鼓勵別人談他們的成就，而不要不斷地重複自己的那些功績。每個人都有相同的追求，都希望別人重視自己，希望別人關心自己，我們少說一點，讓別人覺得他們很優秀，這對我們是有好處的。

從別人的立場看問題

在工作中，合作時難免產生衝突，這時請不要激動，站在別人的立場上想問題，你就會獲得合理的答案，理解他人才會獲得合作。

請記住，也許別人是完全錯誤的，但是他自己並不這樣想，所以，不要責備他說，只有傻瓜才會這樣做，你要去了解他的感受，而只有聰明、寬容的人才能這樣做。

別人之所以會這樣做，一定是有原因的。你要試著找到隱藏在後面的那個原因，就好像你已經擁有了解答他的行為的答案一樣，而這可能就是他的個性。

請忠實地用自己的感受去感覺處在別人的角度時，你會怎麼想。

如果你說：「如果我在他的處境，我會這麼想，或者我會這麼做。」那麼，你就節省了大量的時間和苦惱。因為如果對原因發生了興趣，可能我們對事情的結果就沒有多大的興趣了。所以，你大可以利用這一點增加你在為人處世上的技巧。

請求你的對手的幫助

讓對方幫忙，會讓對方覺得自己很受重視，從而讓你贏得合作的機會。

我們都希望別人能夠賞識和尊重自己，但是這種賞識和違心之論不一樣，也不同於阿諛奉承。

而且要切記的是：讓對手與你合作並不是耍什麼陰謀詭計，而是要出自真誠。這是獲得成功必不可缺的條件。

14. 妥善處理同團隊成員的關係

每個團隊都有自己的特點，就像和一個人保持良好的關係需要投入一定的感情一樣，團隊合作也需要注意團隊裡的關係——責任、衝突、派系、參與的程度、肢體語言，甚至大家的情緒。

很多人把團隊看成一幫不相關的人湊到一起，他們不理解真正的團隊合作需要大家把他們看成一個整體。如果每個成員無法很好地相處，那麼團隊的生產效率就會大打折扣。

成功的職場人士除了完成自己的那份工作，還會為整個團隊著想。他們認真履行自己作為團隊的一員的責任。對於一個團隊來說，最讓人喪氣的莫過於在限期臨近的時候，有些成員不願意為產品的最終結果負責。他們這樣做只會使整個工作擱淺下來，最終也無法滿足自己的要求。

15. 以溝通促進團隊成員合作

這是一個團隊致勝的時代，人與人之間的理解與支援關鍵在於溝通，溝通才能帶來理解，理解促進合作。如果無法很好地溝通，就無法理解對方的意圖，而不理解對方的意圖，就不可能進行有效的合作！

一個優秀的員工一定要知道溝通的重要性，明白孤軍奮戰無異於自取滅亡；一個優秀的員工一定是一個溝通高手，總是對別人保持開放的態度，善於主動創造溝通的良好氛圍；一個優秀的員工能透過良好的溝通使上級更信任他，可以使同事或下屬更理解、支援他，可以使陌生的客戶變成朋友。

一個溝通良好的企業可以使所有員工真實地感受到溝通的快樂，加強企業內部的溝通，可以使普通員工大幅度提升工作績效，使企業關係和諧，氣氛溫和，為大家帶來好的工作環境，同時還可以增強企業的凝聚力和競爭力。

良好的溝通可以促進理解，可以使你與同事、朋友、家人的關係更融洽，具有良好的溝通能力可以使你很好地表達自己的思想和情感，獲得別人的理解和支援，從而和上級、同事、下級保持良好的人際關係。溝通技巧較差的人常常會被別人誤解，讓別人留下不好的印象，甚至無意中會對別人造成傷害。

那麼怎麼樣才能進行有效溝通呢？

在團隊裡，要進行有效溝通，必須明確目標。對於團隊領導者來說，目標管理是進行有效溝通的一種解決方法。在目標管理中，團隊領導者和團隊成員討論目標、計畫、對象、問題和解決方案。由於整個團隊都著眼於完成目標，這就使溝通有了一個共同的基礎，彼此能夠更好地了解對方，即便團隊領導者無法接受下屬成員的建議，他也能理解其觀點，使下屬對上級的要求也會有進一步地了解，溝通的結果自然得以改善。如果績效評估也採用類似辦法的話，同樣也能改善溝通。

對於一個優秀的員工來說，要進行有效溝通，可以從以下幾個方面著手：

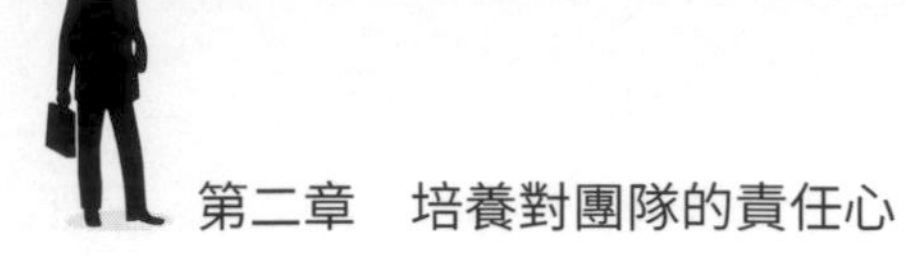

（1）一定要知道你要表達的是什麼，明確溝通的目的。如果目的不明確，你自己都不知道要說什麼，怎麼能讓別人明白呢？那自然就達不到溝通的目的。

（2）一定要知道什麼時候什麼場合說，要掌握好溝通的時機。當你的溝通對象正在大汗淋漓地忙於工作時，你要求他與你商量這個週末消遣的事情，顯然時機不適宜。因此，要想很好地達到溝通效果，必須掌握好溝通的時間，把握好溝通的場合和火候。

（3）必須知道對誰說，要明確溝通的對象。儘管你說得非常精彩，但你選錯了對象，自然也達不到溝通的目的。

（4）必須知道怎麼說，就是掌握溝通的方法。

除此之外，身為企業的一個優秀員工還要學會去傾聽。溝通是個雙向的過程，一個優秀員工除了要知道怎麼溝通，同時還要知道怎麼樣去傾聽，事實上，作為一個傾聽者遠比一個在說話的演說者要累。因為在傾聽的過程中我們不但要聽他說了什麼，還要去搜尋他身上的別的語言。例如肢體語言、語音、語調。只有做到了用心傾聽，才能準確地理解對方要表達的意思，才能幫助我們更好地去進行有效的溝通。

第三章 培養對職業的責任心

我做的事不管成功或是失敗，最後都由我自己來負責。

1. 職業精神的源頭是責任

工作的意義是什麼？

我們為什麼要工作？

我們在為誰工作？

這麼辛苦地工作，究竟值不值得？

……

這些涉及人生哲學層面的追問和思索，不時會深入浮現在員工、管理人員和企業經營者的腦海裡，它們也是所有職場人士都無法迴避的問題。

那麼究竟什麼是工作，工作的意義又在哪裡呢？

曾經在美國費城的大樓上豎起第一根避雷針、有著「第二個普羅米修斯」之稱的富蘭克林，說過這樣一句話：「我讀書多，騎馬少，做別人的事多，做自己的事少。最終的時刻終將來臨，到那時我但願聽到這樣的話，『他活著對大家有益』，而不是『他死時很富有』。」

活著對大家有益，這就是工作賦予我們的意義——它們為我們指明方向，指引我們排除生活中的種種引誘和干擾，朝著恆定的目標前進。如果我們能夠明確感受到自己的工作對於他人的價值，我們就會從中發現無窮的樂趣。

工作對很多人來說，只是謀生和養家餬口的方法，或者僅僅是出於一種非做不可的理由：因為職責的需要，因為制度的約束，因為習慣成自然。但是，我們自己從來沒想過，工作是「眼睛能看見的愛」，是對生命的一份感恩與責任。如果，每個人都意識到了工作也是一種愛，是愛自己、愛他人，是出於對生命的愛，那麼，還會有誰對自己的生命不負責任呢？

愛是創造力和一切生命的源頭，真正能夠成就大事、青史留名的人無不是內心充盈著愛和責任，對生命滿懷感恩與熱愛。從「老吾老以及人之老，幼吾幼以及人之幼」到「先天下之憂而憂，後天下之樂而樂」的千古名句中，我們無不感受到愛與責任的光輝。

工作是生命的餽贈，是天職，是使命。如果能夠懷著一顆感恩的心去工作，去幫助他人，為他人創造價值，那麼我們不僅能夠感受到工作帶給我們的價值和成就，還能夠體會到工作帶給我們的內在幸福與和諧。

大愛無聲，責任無言。在高度分工的現代社會，在效率至上和業績為主的時代，在日趨功利和浮躁的社會風氣中，讓我們牢記，感恩與責任是職業精神的源頭，讓我們的智慧和汗水在愛的奉獻和責任的付出中閃光吧！

2. 職業責任心是一種使命感

愛默生說：「責任具有至高無上的價值，它是一種偉大的品格，在所有價值中它處於最高的位置。」科爾頓說：「人生中只有一種追求，一種至高無上的追求——就是對責任的追求。」

無論你所從事的是什麼樣的職業，只要你能認真地、勇敢地擔負起責任，你所做的就是有價值的，你就會獲得別人的尊重和敬意。有的責任擔當起來很難，有的卻很容易，無論難還是易，不在於工作的類別，而在於做事的人。只要你想、你願意，你就會做得很好。因為職業責任心是賦予我們的神聖使命。

下面的這個故事，能夠告訴我們，責任賦予我們的使命是何其的偉大。

在斯特拉特福子爵為克里米亞戰爭舉辦的晚宴上，人們玩了一個遊戲，軍官們被要求在各自的紙片上祕密地寫下一個人的名字，這個人要與那場戰爭相關，並且要他認為此人是這場戰爭中最有可能流芳百世的人。結果每一張紙上都寫著同一個名字：「南丁格爾。」她是那場戰爭中贏得最高名聲的婦女。下面是一段關於南丁格爾的故事。

南丁格爾帶著護士小分隊來到了這裡，在幾個小時內，成百上千的傷員從巴拉克拉瓦戰役上被運了回來，而南丁格爾的任務就是要在這個痛苦嘈雜的環境中把事情做得井井有條。不一會，又有更多的傷員從印克曼戰場上被運了回來。

什麼事情也沒有準備好，一切都需要從頭安排。而當各種事務都在有序地進行著時，她自己就去處理其他更危險、更嚴重的事情。在她負責的第一個星期，有時她要連續站立二十多個小時來分派任務。

一個士兵說：「她和一個又一個的傷員說話，向更多的傷員點頭微笑，我們每個人都可以看著她落在地面上的那親切的影子，然後滿意地將自己的腦袋放回到枕頭上安睡。」另外一個士兵說：「在她到來之前，那裡總是亂糟糟的，但在她來過之後，那聖潔得如同一座教堂。」

「南丁格爾的感覺系統非常敏銳。」一位和她一起工作過的外科醫生說，「我曾經和她一起做過很多非常重大的手術，她可以在做事的過程中把事情做到非常準確的程度，特別是救護一個垂死的重傷員，我們常常可以看見她穿著制服出現在那個傷員面前，俯下身凝視著他，用盡她全部的力量，使用各種方法來減輕他的疼痛。」

南丁格爾被譽為「護理學之母」，她創立了真正意義上的現代護理學，使護理工作成為婦女的一種受尊敬的正式社會職業。她的故事告訴我們，一個人來到世上並不是為了享受，而是為了完成自己的使命。正是在對她所熱愛的護理工作的強烈使命感的驅使下，在短短 3 個月的時間內，她使傷員的死亡率從 42%迅速下降到 2%，創造了當時的奇蹟。

所以說，責任是做好你被賦予的任何有意義的事情。

3. 職責就是一種義務

職責是每一個人應盡的義務，任何不願意敗壞自己的聲譽、不願意最終破產的人都必須認真履行自己的職責。職責是一項不可推卸的義務 —— 或者叫債務，每個人都應該終其一生地透過自覺的努力和決然的行動來履行自己的義務，或者說免除自己的債務。

職責貫穿於每一個人的一生。從我們來到人世間直到我們離開這個世界，我們時時刻刻都要履行自己的職責和義務 —— 對上司的職責和義務，對下屬的職責和義務以及對同事的職責和義務 —— 對人的職責。凡是有人生存和活動的地方，都有我們人類應盡的職責，職責和義務與我們的生活是形影不離的。

持久而良好的職責觀念是每個人應具備的最起碼的品德，也是一個人的最高榮譽，因為每一個有責任感的人都必須靠這種持久的職責觀念來支撐。沒有持久的職責觀念，人們就會在逆境中倒下去，在各式各樣的引誘面前控制不住自己；而一旦一個人真正具有了牢固而持久的職責觀念，最軟弱的人也會變得堅強，在逆境中會勇氣倍增，在引誘面前不為所動。「職責」，一位哲人說，「是把整個道德大廈連線起來的黏合劑；如果沒有職責這種黏合劑，人們的能力、善良之心、智慧、正直之心、自愛之心和追求幸福之心都難以持久；這樣，人類的生存結構就會土崩瓦解，人們就只能無可奈何地站在一片廢墟之中，獨自哀嘆。」

職責感根源於人們的正義感，這種正義感源於人類的自愛，這種人之自愛之情是一切善良和仁慈之本。職責並非人們的一種思想感情，而是人的生命的主導原則，這一原則貫穿在人類的全部行為和活動之中，受制於每一個人的道德良心和自由意志。

一個人的道德良心展現在他所履行的職責之中。如果沒有道德良心對一個人的行為舉止加以規範，那麼，才智過人的天才也完全可能誤入歧途，從而變得對社會毫無益處。只有道德良心才能規範一個人的行為，只有一個人自己的意志才能使自己變得誠實和正直。因此，良心是心靈聖殿中的道德統治者 —— 它使人們的行為端正、思想高尚、信仰正確、生活美好，只有在良心的強烈影響之下，一個人崇高而正直的品德才能發揚光大。

人生就是一場勇敢的戰鬥。每一個人都必須有高昂的鬥志和堅不可摧的決心，每一個人都必須堅守自己的職位，在必要的時候，可以犧牲自己的生命。布萊頓的羅伯遜曾十分中肯地指出，一個人的真正偉大之處並不在於僅僅追求自己的幸福快樂、自己的名譽和進步 ——「一個人並不能夠只為自己生活，也不能一心一意去沽名釣譽，而應該恪盡職守，盡職盡責。」

那些優秀、勇敢的人，會在意志力的作用下，自覺地、不屈不撓地奮鬥，他會嚴格要求自己，經過人世間各種風雨的洗禮，形成高尚的品德。與此相反，那些行為敗壞，道德墮落的人總是不充分發揮道德良心的作用，而是聽之任之，放縱自己的情感和欲望。任憑存在於身心之中的熱情和熱情像火一樣地熄滅掉，這樣年深月久，終於導致道德敗壞，良心泯滅。

一個人要行得正、立得穩，必須靠自己的努力；其他任何人的幫助都不可能使他挺立如松。每一個人都是自己行為的主人，在這一點上，沒有人能代替自己。

4. 負責任的人是成熟的人

負責任、盡義務是成熟的象徵，負責任的人才是成熟的人。

不負責任的行為就是不成熟的行為。在有些企業，人們都習慣於用「發生了錯誤」這種被動語態來逃避譴責。對於責任，誰也沒有主動去承擔，而對於獲益頗豐的好事，邀功領賞者不乏其人，儘管許多從事公益事業的人們都熟知一句格言：只要你並不關心誰將受賞，做好事將永無止境。歸根結柢，我們要為塑造自我而負責。「我就是這種人！」不該成為冷漠或可恥行為的藉口。這種說法其實也不夠準確，因為我們不可能永遠不變。亞里斯多德特別強調，我們怎樣定義自己，我們就成為怎樣的人。

19 世紀存在主義鼻祖之一索倫·齊克果（Kierkegaard）感嘆芸芸眾生中責任感的喪失，在《一個作者的觀點》（*Synspunktet for min Forfatter-Virksomhed*）這本書中，他寫道：「群體的含義等同於偽善，因為它使個人徹底地頑固不化和不負責任，至少削弱了人的責任感，使之蕩然無存。」聖·奧古斯丁在他的《懺悔錄》（*Confessiones*）中把這種屈服於同輩壓力的弱化的責任感作為對青年時代破壞行為進行反思的主要內容。「這全是因為當別人說『來呀，一起做吧！』的時候，我們羞於後退。」奧古斯丁和亞里斯多德及存在主義者都堅持認為人們應對自己的行為負責。缺乏責任感並不能否認責任存在的事實。

負責任的人是成熟的人，他們對自己的言行負責，他們掌控自己的行為，做自我的主宰。每一個成熟的企業，都應該教育自己的員工增強責任感，就像培養他們其他優良品格一樣。

5. 承擔責任是職業的財富

你是不是經常環顧周圍的人，認為「只要有機會讓我做任何他們的工作，我一定會做得比他們還要好」，卻忽略了他們為了獲取這份工作，保有這樣的職位而承擔過多少責任？上帝是公平的，他總是把最大的獎賞歸屬於能盡職盡責的人。

而事實上，許多員工對責任有著恐懼心理，他們希望企業能給予一個寬鬆的環境，希望能從主管那裡得到對每一項工作的明確指標、也希望上級複查每一項工作，如果出現紕漏，那麼可以大家一起承擔責任。很明顯，這樣的員工充其量也就是主管的手臂延伸而已，沒有獨立的人格，無法開動自己的腦筋，只能作別人的附屬物存在，對要求獨立自主地去思考的工作是無法勝任的。

現代企業管理的思路，是充分發揮每名員工的聰明才智，用職位職責來管理員工的工作，重視結果輕視過程，這與傳統的命令式主管相比，就如同承包責任制與生產隊的工作方式一樣，它們有著本質的不同。在新的方式下，你所得到的指令僅僅是一個目標而已，而具體實施的程序與方法必須自己去尋找和累積，所以在工作中，養成負責任的精神，養成對目標壓力的敏感，養成積極主動的工作習慣，擅於動腦筋解決工作中遇到的問題，將是你職業生涯發展過程中享用不盡的財富。

承擔責任在不同的工作狀態下有不同的形式。但一個基本原則就是要熟悉自己的職位職責，明白自己的許可權。

有很多員工總會發出這樣的感慨：「我真的不是不想做好，實在是有些問題太棘手，處理起來很困難。」

其實這些並不是你無作為的理由。有些棘手的問題如果自己處理不了，要把這個情況向相關主管匯報，由主管去處理，但是你要記住，匯報是下屬對疑難問題的底線處理方法，如果連這也做不到，這樣的人在企業也就沒法生存了，因為他不僅想讓自己成為聾子瞎子，還想讓自己的主管成為聾子瞎子，讓大家一起糊里糊塗地等待懲罰的到來，這樣的人對企業的害處不可估量。

工作過程中還會碰到一些職責交叉或模糊的情況，這是職位設計時要盡量避免的，但由於企業裡面大家認知的局限，這些肯定是存在的。面對這些模稜兩可的工作，要用積極的心態去應付，勇挑重擔，不要為了一些小事去計較，否則，這不僅會損害自己的形象，而且還會影響以後的合作。

麥克是企業質管部經理，人非常聰明，也很能幹，就是有一個缺點，凡事都想為自己留好退路;對較為棘手的事情，可能要承擔責任的事情，會想辦法推給其他部門或自己的上司。他非常善於用與你商量商量或匯報匯報的語氣溝通工作，一旦你有什麼意見符合他的心願，他就會去執行，而一旦出現了問題，他便會把責任往你身上推。

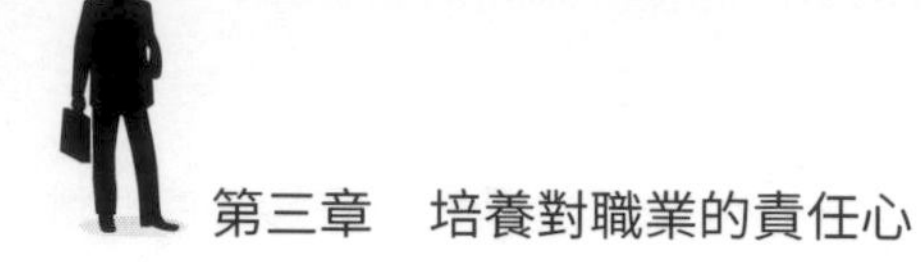

他的這種思想和做法最終還是釀成了大錯。一次，市場上的產品出現了品質問題，他檢查了一下，認為工藝原料等都沒有差錯，就覺得是技術問題。技術部門檢查後說技術也沒問題，他就認為是技術中心不配合，問題不好解決，就把事情擱置起來了。後來品質問題在市場上暴露得越來越嚴重，並最終造成大批次的退貨，造成了企業巨大的經濟損失。在追究責任時，他還堅持認為是技術中心不配合導致的結果，絲毫沒有意識到作為對品質負總責的他，應該在這個過程中充當一個什麼樣的角色。由於他缺乏管理者的基本素養，當場就被總經理解僱了。

承擔責任還有一個最本質的要求，就是工作中出現了問題要勇於承認，不推諉塞責。

企業裡面再沒有比面臨老闆追究責任更尷尬的時候了，這時更要表現出自己的風骨。要給老闆一個好的形象，是自己的責任就是自己的，只要有錯就去勇敢承認，不進行任何辯解，也不要去找其他客觀理由。如果其中多少也有其他人的責任，除非他的錯誤更嚴重，否則沒有必要去計較，要相信日久見人心的道理。更不必一定要把別人拉來墊背，不要產生替別人背了黑鍋的想法。這絲毫解決不了你的問題，只會賠了夫人又折兵，連良好的同事關係也賠了進去。

權力與責任是成正比的，如果你還沒有鍛造出一顆勇於擔負責任的心，最好也不要對權力、事業產生太大的企圖。

如果你有「不停地辯解」的習慣，如果你習慣於說「我以為」那麼請馬上改掉，這都是拒絕承擔個人責任的表現。而正確認識自己，專注自己的本職工作，勇於承擔責任，找出自己可能忽視的一些問題，才是你努力成為一名優秀的榜樣員工應該做的。

6.「責任心態」與「結果心態」

責任心態與結果心態是兩個不同的概念，只有明白兩者的區別，在工作中我們才能減少一些沒有必要發生的錯誤。

工作中，上司關心的不是出現了什麼問題，應當怎樣去解決，而是問題有沒有解決，有沒有一個確定的結果。在這裡，很多人都會有一個思想上的失誤，認為自己只要完成了上司交代的任務，就是創造了業績，得到了結果，實際上並不是這樣。任務只是結果的一個外在形式，它不僅不能代表結果，有時還會成為我們工作中的託詞和障礙。

下面我們從一個正面的例子中去認識一下任務與結果的區別。

一位企業總經理在義大利某名牌鞋店買鞋。最合腳的尺碼賣完了，他選了一雙小一號的，但有一點緊。他想到反正鞋穿穿會鬆的，於是要掏錢買，可售貨員拒絕賣給他，理由是顧客試穿時表情不對勁，「我不能將顧客買了會後悔的鞋子賣出去。」售貨員說。

顯然，這個售貨員是一個不把問題留給主管的員工，因為他不僅是在做主管「吩咐」他做的事，而且更懂得主管和企業吩咐他做事的結果：即把最滿意的服務提供給消費者。

那些心繫責任，把業績留給主管的人十分看重貢獻，他們會將自己的注意力投向企業及個人的整體業績，而不是自己的報酬和升遷。他們的視野開闊，在工作中，他們會認真考慮自己現有的技能水準、專業，乃至自己領導的部門與整個組織或組織目標應該是什麼關係。進一步的，他們還會從客戶或消費者的角度出發考慮問題。這是因為，不管生產什麼產品，提供什麼服務，其目的都是為了幫助消費者或顧客解決問題。

那些把業績留給主管的員工會經常自我反省「我究竟做到了什麼」，這有利於他們增強工作責任感，充分發掘自己具備但還沒有被充分利用的潛力。相反，那些把問題留給主管的員工不清楚自己的工作使命，只知道將任務完成就可以交差了。這種心態導致他們不但無法充分發揮自己的能力，而且還很有可能把目標搞錯，以至於南轅北轍。

也許，你初入職場時，會被安排在平凡的工作職位上；也許，此時的你仍在企業的最底層做著不被重視的工作，這些都不要緊，只要你心繫責任；積聚能量，做出令主管滿意的結果，你一定可以抓住機會實現夢想。

7. 盡職盡責是敬業的土壤

不管做什麼工作都需要全心全意、盡職盡責，因為盡職盡責正是培養敬業精神的土壤。如果在你的工作中沒有了責任和抱負，生活就會變得毫無意義。所以，不管你從事什麼樣的工作，平凡的也好，令人羨慕的也好，都應該盡心盡責，在敬業的基礎上求得不斷地進步。

即使環境很困苦，如果你能全身心地投入工作，最後獲得的不僅是經濟上的寬裕，而且還會有人格上自我的完善。

在德州一所學校演講時，麥金利總統對學生們說：「比其他事情更重要的是，你們需要盡職盡責地把一件事情做得盡可能完美；與其他有能力做這件事的人相比，如果你能做得最好，那麼，你就永遠不會失業。」

盡職盡責！無論做什麼事，它對你日後事業上的成敗都有著決定作用。

許多企業主管說，他們把任務交給員工的時候，他們總會提出一堆問題。毫無疑問，這樣的人根本就不具備盡職盡責的精神。很多人寧願保持平庸的現狀，不思進取，得過且過，注定一輩子碌碌無為、一事無成，在人類的歷史上扮演無足輕重的角色。相反，如果你認為自己很重要，有足夠的條件，是一流的人才，那你很快就會邁上成功之路。

8. 責任的力量無比強大

責任能夠讓人戰勝懦弱和恐懼，戰勝死亡的威脅，因為在責任面前，人們變得勇敢而堅強。

將責任感根植於內心，讓它成為我們腦海中一種強烈的意識，在日常行為和工作中，這種責任意識會讓我們表現得更加卓越。

一位著名的企業家說：「當我們的企業遭遇到前所未有的危機時，我突然不知道什麼叫害怕了，我知道必須依靠我的智慧和勇氣去戰勝它，因為在我的身後還有那麼多人，可能就因為我，他們從此倒下。我不能讓他們倒下，這是我的責任。所以我在最艱難的時候，才變得異常勇敢。當我們走出困境的時候，我對自己的勇敢難以置信，我會這麼勇敢嗎？是的，那一次遭遇讓我真正明白了，唯有責任，才會讓你超越自身的懦弱，真正勇敢起來。」

有一個民間登山隊，他們要向世界第一峰——聖母峰發起進攻。雖然人類攀登喜馬拉雅山已經不止一次了，但這是他們第一次攀登世界最高峰。隊員們既激動又信心十足，他們有決心征服聖母峰。經過考察後，他們選擇自己狀態很好、天氣也很好的一天出發了。攀登一直很順利，隊員們彼此互相照應，沒有出現什麼問題，高原缺氧的情況也基本能夠適應，在預定時間，他們到達了1號營地。大家都很高興，因為有了一個良好的開始，就等於成功了一半。第二天，天氣突然發生了變化，風很大，還下著雪。登山隊長徵求大家的意見，要不要回去，因為要確保大家的生命安全。生命只有一次，登山卻還有機會。但是大家都建議繼續攀登，登山本來就是對生命極限的一種挑戰。

於是，登山隊繼續向上攀登。儘管環境很惡劣，但是隊員們對征服自然、征服聖母峰有著十足的信心，大家小心翼翼地向上攀登。「隊長，你看！」一個隊員大喊，大家循聲望去，在離他們很遠的地方發生了雪崩。雖然很遠，但雪崩的巨大衝擊力波及到了登山隊，一名隊員突然滑向另一邊的山崖，還好，在快落下山崖的那一刻，他的冰錐緊緊地插進了雪層裡，他沒有滑落下去。但他隨時有可能被雪崩的衝擊力推下去。

形勢嚴峻，如果其他隊員來營救山崖邊的隊員，有可能雪崩的衝擊力會將別的隊員衝下山崖。如果不救，這名隊員將在生死邊緣徘徊。

隊長說：「還是我來吧，我有經驗，你們幫我。大家把冰錐都死死地插進雪層裡，然後用繩子綁住我。」「這很危險，隊長。」隊員們說。

「已經沒有猶豫的時間了，快！」隊長下了死命令。大家迅速動起手來，隊長綁著繩子滑向懸崖邊，他死命地拉住了抱住冰錐的隊員，其他隊員用力把他們兩個往上拉。就在

下一輪雪崩衝擊到來之前，隊長救出了這名隊員。

全隊沸騰了，經過了生死的考驗，大家變得更堅強了。

最終，登山隊征服了喜馬拉雅山。站在山峰上，他們把隊旗插在山峰的那一刻，也把他們的榮譽和責任留在了世界上最純淨的地方。

後來，隊長說：「當時我也非常恐懼，因為隨時都可能屍骨無存，但我知道，我有責任去救他，我必須這麼做。責任的力量太大了，它戰勝了死亡和恐懼。」

責任不僅讓人勇敢，它還能戰勝死亡和恐懼。面對責任，我們無從逃避，只有勇敢地迎上前去。能夠這樣挑戰生命及困難的人，他就是一個堅強的人。

9. 責任本身就是一種能力

能力，永遠由責任來承載。而責任本身就是一種能力。

當你在為企業工作時，無論主管安排你在哪個位置上，都不要輕視自己的工作，都要擔負起工作的責任來。那些在工作中推三阻四，老是埋怨環境，尋找各種藉口為自己開脫的人，對這也不滿意，那也不滿意的人，往往是職場上的被動者，他們即使工作一輩子也不會有出色的業績。他們不知道用奮鬥來擔負起自己的責任，而自身的能力只有透過盡職盡責的工作才能完美地展現。

一家企業的行銷部經理帶領一支隊伍參加某國際產品展覽會，在開展之前，有很多事情要做，包括展位設計和布置、產品組裝、資料整理和分裝等，需要加班加點地工作。可是行銷部經理帶去的那一幫安裝工人中的大多數人，卻和平日在企業時一樣，不肯多做一分鐘，一到下班時間，就溜回旅館或者逛大街去了。經理要求他們工作，他們竟然說：「沒有加班費，憑什麼做啊。」更有甚者還說：「你也是被請的，不過職位比我們高一點而已，何必那麼賣命呢？」

在開展的前一天晚上，企業老闆親自來到展場，檢查展場的準備情況。

到達展場，已經是凌晨一點，讓老闆感動的是，行銷部經理和一個安裝工人正揮汗如雨地趴在地上，細心地擦著裝修時黏在地板上的油漆。而讓老闆吃驚的是，其他人一個也見不到。見到老闆，行銷部經理站起來對老闆說：「我失職了，我沒有能夠讓所有人都來參與工作。」老闆拍拍他的肩膀，沒有責怪他，而指著那個工人問：「他是在你的要求下才留下來工作的嗎？」

經理把情況說了一遍。這個工人是主動留下來工作的，在他留下來時，其他工人還一個勁兒地嘲笑他是傻瓜：「你賣什麼命啊，老闆不在這裡，你累死老闆也不會看到啊！還不如回旅館美美地睡上一覺！」

老闆聽了敘述，沒有做出任何表示，只是招呼他的祕書和其他幾名隨行人員加入到工作中去。

當參展結束後，一回到企業，老闆就開除了那天晚上沒有參加勞動的所有工人和工作人員，同時，將與行銷部經理一起打掃環境的那名普通工人提拔為安裝分廠的廠長。

那一幫被開除的人很不服氣，來找人力資源總監理論。「我們不就是多睡了幾個小時的覺嗎，憑什麼處罰這麼重？而他不過是多做了幾個小時的工作，憑什麼當廠長？」他們說的「他」就是那個被提拔的工人。

那位人力資源總監對他們說：「用前途去換取幾個小時的懶覺，是你們的主動行為，沒有人逼迫你們那麼做，怪不得別人。而且，我可以透過這件事情推斷，你們在平時的工作裡也偷了很多懶。他雖然只是多做了幾個小時的工作，但據我們考察，他一直都是一個積極主動的人，他在平日裡默默地奉獻了許多，比你們多做了許多事，提拔他，是對他過去默默工作的回報！」

這是多麼生動的事例啊！在這裡，多一分的責任感，就多一分的回報，對於那個主動留下來的工人來說，雖然他只是一個普通員工，但是他表現出的強烈的責任感，卻是他能力超群的表現。

10. 員工應該勇於承擔責任

一個人應該為自己所承擔的責任感到驕傲，因為你已經向別人證明，你比別人更突出，你比他們更優秀，你更值得信賴。

一個人承擔的責任越多越大，證明他的價值就越大。所以，應該為你所承擔的一切感到自豪。想證明自己最好的方式就是去承擔責任，如果你能擔當起來，那麼祝賀你，因為你不僅向自己證明了自己存在的價值，你還向社會證明你可以，你很出色。

如果你曾經為自己擔當責任而感到沉重和壓力重重，說明你還沒有正確地理解責任的含義。責任意味著勇氣、堅強、愛和無私。當你有勇氣承擔責任時，你正在給予別人愛和無私。難道你不為自己所做的一切感到驕傲嗎？如果你有勇氣，就把曾經放棄的責任重新撿拾起來，你不但不會被人嘲笑，反而會得到他人尊敬。如果你有勇氣，就別放棄正壓在你身上的責任，如果你能再堅持一下，你就可能獲得更多的成功。

如果你有勇氣，就應該準備承擔將要承擔的責任，你會從此明白你存在的價值。還有比擔當責任更讓人驕傲的嗎？很高興能夠為企業承擔責任，這會讓你覺得對於企業而言，自己並不是可有可無。相信你，你從沒有懈怠過自己的責任。

當一個人從心底改變了自己對承擔責任的理解，意識到責任不僅是對企業的一種負責，也是對自己的一種負責，並在這種負責中感受到自身的價值和自己所獲得的尊重和認同時，他才能從承擔責任中獲得滿足。承擔責任努力工作，對自己而言，更多的不是壓力而是一種快樂和幸福；對企業而言，這樣的員工才是可以真正放心的員工。

一家家具銷售企業的經理吩咐三個員工去做同一件事：去供貨商那裡調查一下家具的數量、價格和品質。

第一個員工5分鐘後就回來了，他並沒有親自去調查，而是向下屬打聽了一下供貨商的情況就回來做匯報。30分鐘後，第二個員工回來匯報。他親自到供貨商那裡了解家具的數量、價格和品質。第三個員工190分鐘後才回來匯報，原來他不但親自到供貨商那裡了解了家具的數量、價格和品質，而且根據企業的採購需求，將供貨商那裡最有價值的商品做了詳細紀錄，並且和供貨商的銷售經理取得了聯絡。在返回途中，他還去了另外兩家供貨商那裡了解家具的商業資訊，將三家供貨商的情況做了詳細的比較，制定出了最佳購買方案。

第一個員工敷衍了事，草率應付；而第二個員工充其量只能算是被動聽命；真正盡職盡責地工作的只有第三個人。

無論做什麼工作，都要靜下心來，腳踏實地地去做。你把時間花在什麼地方，你就會在那裡看到成績，只要你的努力是持之以恆的。

11. 承擔責任就意味著成功

每個老闆都很清楚自己最需要什麼樣的員工，哪怕你是一名做著最不起眼工作的普通員工，只要你擔當起了你的責任，你就是老闆最需要的員工。

經常有人說「公民應該為國家承擔責任」、「公民應該為社會承擔責任」、「男人應該為家庭承擔責任」，但很少有人說「員工應該為企業承擔責任」，因為在這些人的眼裡，只有老闆才應該為企業承擔責任。是這樣的嗎？

社會學家戴維斯說：「自己放棄了對社會的責任，就意味著放棄了自身在這個社會中更好生存的機會。」同樣，如果一個員工放棄了對企業的責任，也就放棄了在企業中獲得更好發展的機會。在這個世界上，每個人都扮演了不同的角色，每一種角色又都承擔了不同的責任，從某種程度上說，對角色的飾演就是對責任的完成。堅守責任就是堅守我們自己最根本的人生義務。身為企業的一名員工，在企業裡面也扮演了一個角色，理所當然要去承擔責任。

其實，承擔責任不分大小，只論需要。無論是大的責任還是小的責任，你都應該承擔。一丁點的不負責，就可能使一個百萬富翁很快傾家蕩產；而一丁點的負責任，卻可能為一個企業挽回數以千計的損失。

一個管理過磅秤重的小職員，由於懷疑計量工具的準確

性，自己動手修正了它。結果由於精確度提升了，企業就在這個方面減少了許多損失。其實修理計量工具並不是這個小職員的職責，他完全可以睜一隻眼閉一隻眼，因為這本屬於機械師的責任，而且無論這個磅秤準不準都不會對他的薪資造成影響。但是這位小職員並沒有因此就不聞不管，聽之任之，本著為企業負責的態度，他積極地糾正了這一偏差。正是由於這個小職員的這種責任心，為企業節省了龐大的費用。

一個沒有責任感的員工不會是一個優秀的員工。只有那些承擔責任的人，才有可能被賦予更多的使命，才有資格獲得更大的榮譽。一個缺乏責任感的人，首先失去的是社會對自己的基本認可，其次失去的是別人對自己的信任與尊重。人可以不偉大，可以清貧，但不可以沒有責任。要想成為一名優秀的員工，就應該去像老闆那樣承擔責任。每一名員工都要牢記，承擔責任就意味著成功。

12. 負責任讓你出類拔萃

責任是由許多小事構成的。無論多麼小的事，都能夠比任何人做得好，這就是敬業的精神，它會使你在眾人面前脫穎而出。

敬業，就是尊敬、尊崇自己的職業。如果一個人以一種尊敬、虔誠的心靈對待職業，甚至對職業有一種敬畏的態度，他就已經具有敬業精神。沒有真正的敬業精神，就不會將眼前的普通工作與自己的人生意義連繫起來，就不會有對工作的敬畏態度，當然就不會有神聖感和使命感產生。

敬業是一種責任精神的展現。一個有敬業精神的人，才會真正為企業的發展做出貢獻，自己也才能從工作中獲得樂趣。

比爾·波特是英國成千上萬業務員中的一個。與其他人相同的是，他每天早上都起得很早，為一天的工作做準備；與其他人不同的是，他要花三個小時到達他要去的地點。結果一場不幸的意外導致他大腦受傷，從而患上了腦性麻痺，同時也影響到說話、行走和對肢體的控制。不管多麼痛苦，比爾·波特都堅持著這段令人筋疲力盡的路程。工作是他的一切，他以此為生，展現生命的價值。他沒有將自己視為身心障礙人士。

最初，他向福勒刷子公司申請工作，這家企業拒絕了他，並說他根本不適合工作。接著幾家企業採用同樣的態度回覆他，但比爾沒有放棄，最後，懷特金斯企業很不情願地接受了他，但也提出了一個條件 —— 比爾必須接受沒有人願意承擔的波特蘭、奧根地區的業務。雖然條件苛刻至極，但畢竟有一份工作了，比爾當即答應了。

第一次上門推銷時，比爾猶豫了四次，才鼓起勇氣按響門鈴。第一家沒有人買他的商品，第二家、第三家也一樣……但他堅持著，以敬業的精神來支撐自己堅持著，即使顧客對產品絲毫不感興趣，甚至嘲笑他，他也不灰心喪氣。終於，他取得了成績，由小成績到大成績。

他每天花在工作及路上的時間有 14 個小時，當他晚上到家時，已經是筋疲力盡，他的關節會痛，偏頭痛也時常折磨著他。每隔幾個星期，他會列印一份顧客訂貨清單。由於他只有一隻手是有用的，這項別人做起來非常簡單的工作，他卻要花去 10 個小時。他辛苦嗎？當然辛苦，但心中對企業、對工作、對顧客，以及對自己的虔敬之意支撐著他，他什麼苦都能夠撐住。比爾負責的地區，有越來越多的客戶之門被他敲開，許多人購買了他的商品，他的業績也不斷成長。在他做到第 24 年時，他已經成為銷售技巧最好的業務員。

進入 1990 年代時，比爾 60 多歲了。懷特金斯企業已經有了 6 萬多名業務員，不過，他們是在各地商店推銷商品，只有比爾一個人仍然是上門推銷。許多人在打折商店整打整打地購買懷特金斯企業的商品，因此比爾的上門推銷越來越難，面對這種趨勢，比爾付出了更多的努力。

後來，懷特金斯企業在全國建立了連鎖機構，比爾以後也沒有必要上門推銷了。但此時，比爾成了懷特金斯企業的「產品」，他是企業歷史上最出色的業務員、最敬業的業務員、最富有執行力的業務員。企業以比爾的形象和事蹟向人們展示企業的實力，還把第一份最高榮譽 —— 傑出貢獻獎給了比爾。

比爾的故事告訴我們，無論怎麼樣的人，如果他有了一個自己喜歡和適合去做的職業，同時也就是擁有了自己的生活方式。在這個平臺上，他才能與社會真正融為一體，說得更確切一些，是為某個團隊、某種事業工作。

敬業精神是個人原則和職業原則的結合。敬業精神最重要的是自我經營態度，把自己當成老闆，把企業的事當成自己的事。每個人對於自己的職位都應該這樣想：我投身於企業界是為了自己，我也是為了自己而工作。固然，薪水是要努力賺一些，這是維持生活的必要。如果你是這樣想的，而且已經做好了充分的準備，並付諸了切實的行動，你就會成為某個行業、某個團體、某個企業真正不可缺少的人。

13. 負責任的人就一定能夠成功

一位成功學家說：「如果你是負責任的，你就會成功。」負責任是一種美德，一個對企業負責任的人，實際上不是純粹忠於一個企業，而是忠於人生的幸福。

如果說，智慧和勤奮像金子一樣珍貴的話，那麼還有一

種東西更為珍貴，那就是責任。對自己的企業，自己的工作負責任，從某種意義上講，就是對自己的事業負責任，就是以不同的方式為一種事業做出貢獻。責任展現在工作主動、責任心強、細緻周到地體察老闆的意圖。責任還有一個最重要的特徵，就是不以此作為尋求回報的籌碼。

許多主管在用人時，既要考察其能力，更看重個人品格，而品格最關鍵的就是責任感。一個負責任的人十分難得，一個既負責任又有能力的人更是難求。負責任的人無論能力大小，主管都會給予重用，這樣的人走到哪裡都有大門向他們敞開。相反，能力再強，如果缺乏責任感，也往往被人拒之門外。畢竟在人生事業中，需要用智慧來做出決策的大事很少，需要用行動來落實的小事甚多。少數人需要智慧加勤奮，而多數人卻要靠責任加勤奮。

健全的品格使你不會為自己的聲譽擔憂。正如湯瑪斯·傑佛遜（Thomas Jefferson）所說：「成功之人就是敢作敢為的人。如果你由衷相信自己的品格，確定自己是個誠實可信、和善、謹慎的人，內心就會產生出非凡的勇氣，而無懼他們對你的看法。」

負責任是人類最重要的美德之一。對自己的企業負責，對自己的上司負責，與同事們同舟共濟、共赴艱難，將獲得一種集體的力量，人生就會變得更加飽滿，事業就會變得更有成就感，工作就會成為一種人生享受。相反，那些表裡不

一、言而無信之人，會整天陷入爾虞我詐的複雜的人際關係中。在上下級之間、同事之間玩弄各種技術的陰謀，即使一時得以提升，取得一點成就，但終究不是一種理想的人生和令人愉悅的事業，最終受到傷害的還是自己。

對於企業來說，責任能帶來效益，增強凝聚力，提升競爭力，降低管理成本；對於員工來說，責任能帶來安全感。因為責任，我們不必時刻繃緊神經；因為責任，我們對未來充滿信心；因為責任，我們的人生一定會更加輝煌。

第四章
培養對職位的責任心

每一個管理者都是從底層開始的，世界上沒有人天生就具有管理才能，卓越的管理才能可以透過訓練獲得。

1. 對職位要具有責任心

任何企業都會要求員工在職位忠於職守，努力工作，創造最大價值。其實，這不僅是一種行為準則，更是每個員工應具備的職業道德。可以說，擁有了職責和理想，你的生命就會充滿色彩和光芒。或許，你現在仍然生活在困苦的環境裡，但不要抱怨，只要全身心地工作，不久就會擺脫窘境，獲得物質上的滿足。那些非常成功或在特定領域裡相對成功的人士，無一例外地要經過艱苦的奮鬥過程，這是通往勝利的唯一途徑。

精通並盡善盡美地完成一件事，要比雖然懂得十件事，卻只知皮毛好得多。

一個成功的企業管理者說：「如果你能真正做好一枚別針，應該比你製造出粗陋的蒸汽機創造的財富更多。」

很多人都有過同樣的疑惑，為什麼那些能力不如自己的人，最終取得的成就遠遠大於自己？如果對於這個問題你百思不得其解，那麼請認真回答下面的問題，也許你能從中找到真正的答案。

自己前進的方向是否正確？

自己是否對職業領域的每個細節問題瞭如指掌？

為了提高工作效率，創造更多財富，你是否經常閱讀相關的專業書籍或資料？

你是否理解並認真做到全心全意，盡職盡責？

如果你對上述這些問題的回答是否定的，說明制約你走向成功的癥結就在於此。那麼，無論從事什麼工作，只要你遵循這幾點，並且堅持到底，就一定能獲勝！當然，選擇的方向一定要正確。

每一個人都以不同的方式承擔著責任，無論是在工作中還是在生活上。在一家企業中，每一個員工都希望自己對於企業而言是不可或缺的。只有當員工在為自己的企業承擔責任時，他才會意識到自己在企業中是重要的，他才真正感覺到自己在企業中是有位置的。

可能對於很多人來說，如果不給予一定職務或待遇上的承諾，很少有人願意主動地去承擔一些工作，因為做的工作越多，意味著擔負的責任越重，做得好一切都會好，做不好就會招致麻煩。所以，只要做好自己的事情就可以了，其他的事情能不管就不管、能推則推。

沒有哪一位老闆會對沒有責任意識的員工給予極大的信任，沒有多少人可以面臨大是大非的抉擇，也沒有多少人的責任感會經受大是大非的考驗，從小事就可以看出一個員工是否真的對企業有責任感，這也是企業考核員工的一個重要方法。

2. 明確職位職責才能承擔責任

學會認清責任，是為了更好地承擔責任。企業員工首先要知道自己能夠做什麼，然後才知道自己該如何去做，最後再去想我怎樣做才能夠做得更好。

只有認清自己的責任，才能知道該如何承擔自己的責任，正所謂「責任明確，利益直接」。也只有在認清自己的責任時，才能知道自己究竟能不能承擔責任。因為，並不是所有的責任都能自己承擔，也不會有那麼多的責任要你來承擔，生活只是把你能夠承擔的那一部分給你。

在一家企業裡，每個人都有自己的責任。但要區分責任和責任感是不一樣的概念，責任是對任務的一種負責和承擔，而責任感則是指一個人對待任務的態度，一個員工不可能去為整個企業的生存承擔責任，但你不能說他缺乏責任感。所以，認清每一個人的責任是很有必要的。

認清自己的責任，還有一點好處就是，有可能減少對責任的推諉。只有責任界線模糊的時候，人們才容易互相推脫責任。在企業裡，尤其要明確責任。

在一個企業裡工作，首先你應該清楚你在做些什麼。只有做好自己分內工作的人，才有可能再做一些別的什麼。相反，一個連自己工作都做不好的人，怎麼能讓他擔當更重的責任呢？總有一些人認為，別人能做的自己也能做，事實上，就是這樣的一些人才什麼也做不好。

一位成功學的大師說過：「認清自己在做些什麼，就已經完成了一半的責任。」

小詹姆斯・麥迪遜（James Madison Jr.）在《聯邦論》（*Federalist Papers*）中給「責任」作了明確的界定：「責任必須限定在責任承擔者的能力範圍之內才合乎情理，而且必須與這種能力的有效運用程度相關。」不成熟的人還無法完全具有承擔責任的能力。

這是一個不言自明的道理：我們必須獨自承擔或與他人共同承擔的責任，依社會結構和政治體制而變更，但唯有一點不會改變——越是成熟，責任越重。

3. 樹立職位的榮譽感

一個沒有榮譽感的團隊是沒有希望的團隊，一個沒有榮譽感的員工不會成為一名優秀的員工。西點軍校的《榮譽準則》說：「每個學員絕不說謊、欺騙或者偷竊，也絕不容許其他人這樣做。」

軍人視榮譽為生命，任何有損軍人榮譽的語言和行為都應該絕對禁止。同樣，如果一個員工對自己的工作有足夠的榮譽感，對自己的工作引以為榮，對自己的企業引以為榮，

他必定會煥發出無比的工作熱情。每一個企業都應該對自己的員工進行榮譽感的教育，每一個員工都應該喚起對自己的職位和企業的榮譽感。可以說，榮譽感是團隊的靈魂。

如果一個員工沒有榮譽感，即使有千萬種規章制度或要求，他可能也不會把自己的工作做到完美，他可能會對某些要求不理解，或認為是多餘而覺得厭倦、麻煩。

一個沒有榮譽感的員工，能成為一個積極進取、自動自發的員工嗎？如果無法意識到榮譽的重要性，無法意識到榮譽對你自己、對你的工作、對你的企業意味著什麼，又怎麼能指望這樣的員工去爭取榮譽、創造榮譽呢？

事實上，只要我們盡職盡責，努力工作，工作同樣會賦予我們以榮譽。我們工作的目的絕不僅僅是為了每月有一份不錯的薪水，或者是為了有一份可以謀生的職業，我們還追求一種認同感、歸宿感和成就感，而這一切都建立在榮譽感的基礎之上。只有這種榮譽，才能讓我們對待工作全力以赴，才能讓我們自覺地遠離任何藉口，遠離一切有損於企業和工作的行為。在爭取榮譽、創造榮譽、捍衛榮譽、保持榮譽的過程中，我們個人也不知不覺地融入到了集體之中，獲得了更好地發展。

4. 認真履行你的職責

現代人只想從職務中或社會上獲得什麼東西，卻很少主動付出什麼，不付出哪能有收穫呢？你只有在自己的職位上盡職盡責，全心全意地把自己的熱情奉獻給工作，你才能在工作中有所收穫。

英國海軍統帥納爾遜（Horatio Nelson），1770 年參加海軍，1794 年在一次海戰中幾乎失去右眼，1796 年晉升為分艦隊司令，次年獲海軍少將軍銜。在一次戰役中他又失去右臂，復員返鄉。1800 年重返軍隊時晉升為海軍中將。1805 年 10 月 21 日在西班牙特拉法爾加角海戰中，大敗法蘭西聯合艦隊，最終挫敗拿破崙入侵英國的計畫，他也在作戰中陣亡。在死亡之前，他最後的話是：「感謝上帝，我履行了我的職責！」

納爾遜的祈禱內容包括，他期望英國海軍以人道的方式獲勝，以有別於他國。他自己做出了榜樣，兩次下令停止炮擊「無敵」號軍艦，因為他認為該艦已被擊中，已喪失戰鬥力。但他卻死於這艘他兩次手下留情的砲艦。該艦突然開火，在當時的情況下，兩艦甲板之間的距離不超過 15 碼，他的胸部被擊中了。

經過檢查才知道是致命傷。這事除了哈丁艦長、牧師和醫務人員之外對所有人保密。從胸口不斷湧出的鮮血中，他

自己很清楚已經回天乏術，所以他堅持要外科醫生離開，去救那些他認為有用的人。

哈丁說畢提醫生可能還有希望挽救他的生命。「哦，不，」他說，「這不可能，我的胸全被打透了，畢提會告訴你的。」然後哈丁再次和他握手，痛苦得難以自制，匆匆地返回甲板。

畢提問他是不是非常痛。「是的，痛到我恨不得死掉。」他低聲回答說，「雖然希望多活一會兒。」

哈丁艦長離開船艙 15 分鐘後又回來了。納爾遜很費力地低聲對他說：「不要把我扔到大海裡。」他說最好把他埋藏在父母墓邊，除非國王有其他想法。然後他流露了個人感情：「照顧親愛的漢密爾頓夫人。哈丁，關照可憐的漢密爾頓夫人。哈丁，吻我。」

哈丁跪下去吻他的臉。納爾遜說：「現在我滿意了，感謝上帝，我履行了我的職責！」

他說話越來越困難了，但他仍然清晰地說：「感謝上帝，我履行了我的職責！」他幾次重複這句話，這也是他最後所說的話。

在他受傷 3 小時 11 分鐘後，於 4 點 30 分去世。

我們都應該學習納爾遜。即使不能夠做到像他一樣，但至少也要意識到責任的重要。做每一件事你都要全心全意、盡職盡責。如此，你才能夠獲得像納爾遜一樣的榮譽，也才能獲得你想要的成功。

職責是每一位成功人士的座右銘！

5. 多點責任，多點機會

無論你從事的是怎樣的職業，都應該盡職盡責地把自己的本職工作做好，只要你還屬於企業的一員，你就有責任在任何時候維護企業的利益和形象。沒有責任感的員工是不能成為一名優秀員工的，同樣，也不會是企業所需要的員工。

任何一個老闆都很注重員工的責任感，可以說，員工沒有責任感，企業就無法成為一個企業，員工的責任感在很大程度上能決定一個企業的命運。對企業來說，正因為有了有責任感的員工，盡職地做好各項工作，才能確保企業的發展，提升競爭力。也只有那些勇於承擔更多責任的員工，才可能被賦予更多的使命，在企業中擔當重任，有資格獲得更多的報酬和更大的榮譽。因此，對於員工而言，多點責任，也意味著多些個人發展的機會。

莉莉和莎莎在同一家瓷器企業做職員，她們兩個工作一直都很出色，老闆也對這兩名員工很滿意，可是一件事卻改變了兩個人的命運。

一次，莉莉和莎莎一起把一件很貴重的瓷器送到客戶的

商店。沒想到送貨車開到半路卻壞了。因為企業有規定：如果貨物不在規定時間送到，要被扣掉一部分獎金，於是，莉莉二話不說，抱起瓷器一路小跑，終於在規定的時間趕到了地點。這時，心存小算盤的莎莎想，如果客戶看到我抱著瓷器，把這件事告訴老闆，說不定會幫我加薪呢。於是，莎莎從莉莉懷裡搶過瓷器，卻沒接住，瓷器一下子掉在了地上，「嘩啦」一聲碎了。兩個人都知道瓷器打碎了意味著什麼，一下子都呆住了。果然，兩人回去後，遭到老闆十分嚴厲的責備。

隨後，莎莎偷偷對老闆說：「老闆，這件事不是我的錯，是莉莉不小心弄壞了。」

老闆把莉莉叫到了辦公室。莉莉把事情的經過告訴了老闆。最後說：「這件事是我們的失職，我願意承擔責任。莎莎年紀小，家境不太好，我願意承擔全部責任。我一定會彌補我們所造成的損失。」

兩人一起等待著處理的結果。一天，老闆把她們叫到了辦公室，當場任命莉莉擔任企業的客戶部經理，並且對莎莎說：「從明天開始，妳就不用來上班了。」

老闆最後說：「其實，那個客戶已經看見了你們兩個在遞接瓷器時的動作，他跟我說了事實。還有，我看見了問題出現後你們兩個人的反應。」

莎莎推卸責任落得個失業的下場，而莉莉只是多了點責任心，就輕易地獲得了升遷的機會。機會就是喜歡更有責任心的人，老闆就是喜歡責任感強的員工。

盡職盡責就是要勤懇努力、兢兢業業，不計個人得失，時刻為企業的利益著想。工作中的很多失敗都源於責任心的缺乏，責任心是做好每一份工作的必要前提。因此，任何一家企業都會毫不猶豫地剔除不負責任的員工，而那些盡職盡責的人則備受歡迎。

多點責任可以獲得信任

不敢承擔責任的人，老闆會給他機會去發展嗎？即使給了你，也因為你的害怕，而讓機會轉瞬消逝。這樣的人無法為老闆解決所遇到的問題，當然也難以得到老闆的器重。

任何一個老闆都清楚，當問題出現後，推諉責任或找藉口都無法掩飾一個人責任感的匱乏。只有勇於承擔責任的員工才對企業有著更重要的意義。

勇於主動承擔責任

在企業發生困難時，你的心裡也許會有非常好的想法，你也想去幫助老闆度過難關。可是你就是沒有勇氣主動站出來為老闆解決問題，主動把責任承擔過來。一而再再而三猶豫將使你不再勇於主動承擔責任，最終你也將受到負面影響，很難獲得好的晉升機會。

明哲保身是自作聰明

勇於承擔責任，獲得老闆的賞識，可以得到更多地發展機會。勇於承擔責任是你明智的選擇，在激流中挺身而出幫老闆排憂解難，你將獲得老闆的信任和器重。當你捫心自問的時候，不要自作聰明，以為你那樣做是明哲保身，你就會平平安安。要知道，幸運不會降臨到那些不想惹麻煩的人的頭上。

6. 承擔責任，釋放熱情

熱情是工作的動力，沒有動力，工作中就難以釋放自身潛力，也就難有突破。熱情能夠創造不凡的業績，缺乏熱情的人在工作上必然會試圖逃避責任，應付了事，最終將一事無成。只有勇於承擔責任的人才能在工作中勤奮耕耘，最大程度地發揮才能，取得傲人業績。

熱情代表員工的工作態度，而一個人對工作的態度比工作本身更重要，因為態度可以決定一切！很多人在工作時只是將工作當做自己生存的工具，透過工作來養家餬口。這樣的人永遠不會得到老闆的器重和信賴，沒有哪個老闆願意去提升一個毫無熱情的下屬。在工作中充滿熱情的人，才會達到許多意想不到的結果，熱情能把夢想變成現實。

麥當勞奠基人彼得．林區（Peter Lynch）率部打入澳洲餐飲市場時，在雪梨東部開了一家麥當勞速食店。當時，一個叫貝爾的年輕人正在上學，他每天上學放學都要經過那裡。貝爾的家境不太好，上學的學費都是東拼西湊來的。1976 年，15 歲的貝爾走進了這家麥當勞店，他想透過在麥當勞打工賺點零用錢。他被錄取了，工作是打掃廁所。

掃廁所的工作又髒又累，沒人願意做。但貝爾卻做得任勞任怨。他的眼裡似乎總有工作要做。他每天放學後就過來，先掃完廁所，接著就擦地板；地板擦乾淨後，他又去幫著其他員工翻翻烘烤中的漢堡。一件接一件，他都細心學，認真做。

彼得．林區每天都注意觀察工作起來充滿熱情的少年，心中暗暗喜歡。沒多久，林區就說服貝爾簽署了麥當勞的員工培訓協議。從此，貝爾開始接受正規職業培訓。培訓結束後，林區又把他放在店內各個職位「全面摔打」。雖然只是做鐘點工，但因貝爾勤奮努力和出眾的表現，很快就全面掌握了麥當勞的工作。19 歲時，貝爾被提升為澳洲最年輕的麥當勞門市經理。

年輕的貝爾迎來了更多施展才華的機會。經過不斷努力，他先後擔任了麥當勞澳洲企業總經理，亞太、中東和非洲地區總裁，歐洲地區總裁及麥當勞芝加哥總部負責人等。2003 年，查理．貝爾（Charlie Bell）被任命為麥當勞（全球）董事長兼執行長。

熱情是人類共有的東西，沒有人能夠阻止你去燃燒你的熱情。用熱情去工作，用熱情去感染和感動身邊的每一個人（當然包括老闆），用熱情去做人、做事，用熱情使生命更加成熟。時刻銘記下面這些可以激發你工作熱情的方法，你就可以找到你想得到的東西！

變消極拖延為積極行動

拖延對任何一位職業人士來講，都是最具破壞性、最具危險的惡習，因為它使人喪失了主動的進取心。而更為可怕的是，拖延的惡習具有累積性，唯一擺脫這一惡習的方法就是——積極地行動。

做事拖延的人絕不是稱職的員工。存心拖延逃避，總能找出絕佳的託辭來安慰自己。所以，如果你發現自己經常為了沒做某些事而製造藉口，或是想出千百個理由來為沒能如期實現的計畫而辯解，那麼現在就是該面對現實好好做人的時候了。

比上司更積極主動地工作

如果你想做一個能贏得老闆器重的優秀員工，辦法只有一個，那就是比現在的優秀員工更積極主動地工作。如果你想取得像上司今天這樣的成就，辦法只有一個，那就是比上司更積極主動地工作，對自己所作所為的結果負起責任，並且持續不斷地尋找解決問題的辦法。只要堅持下去，你的表現便能達到嶄新的境界，為此你必須全力以赴。

始終以最佳的精神狀態工作

剛剛著手工作時活力四射的狀態，幾乎每個人在初入職場時都經歷過。可是，一旦新鮮感消失，工作駕輕就熟，熱情也往往隨之湮滅。所以，保持對工作的新鮮感是確保你工作有熱情的有效方法。要想保持對工作恆久的新鮮感，你必須改變工作只是一種謀生手段的認知，把自己的事業、成功和目前的工作連線起來。其次，還要給自己不斷樹立新的目標，挖掘新鮮感，並且審視自己的工作，看看有哪些事情一直拖著沒有處理，然後把它做完。

7. 責任永遠承載著能力

責任永遠承載著能力，而能力也只有透過責任才得以充分地展現。

喬治畢業後，到一家鋼鐵企業工作還不到一個月，就發現很多煉鐵的礦石並沒有得到完全充分地冶煉，一些礦渣中還殘留沒有被冶煉好的鐵。他覺得如果這樣下去的話，企業豈不是會有很大的損失。

於是，他找到了負責這項工作的工人，跟他說明了問題，這位工人說：「如果技術有了問題，工程師一定會跟我

說，現在還沒有哪一位工程師向我說明這個問題，說明現在沒有問題。」

喬治又找到了負責技術的工程師，對工程師說明了他看到的問題。工程師很自信地說他們的技術是世界上一流的，怎麼可能會有這樣的問題，工程師並沒有把他說的看成是一個很大的問題，還暗自認為，一個剛剛畢業的大學生，能明白多少，不過是因為想博得別人的好感而表現自己罷了。

但是喬治認為這是個很重要的問題，於是他拿著沒有冶煉好的礦石找到了企業負責技術的總工程師，他說：「先生，我認為這是一塊沒有冶煉好的礦石，您認為呢？」

總工程師看了一眼，說：「沒錯，年輕人，你說得對。哪裡來的礦石？」

喬治說：「是我們企業的。」

「怎麼會，我們企業的技術是一流的，怎麼可能會有這樣的問題？」總工程師很詫異。

「工程師也這麼說，但事實確實如此。」喬治堅持道。

「看來是出問題了。怎麼沒有人向我反映？」總工程師有些發火了。

總工程師召集負責技術的工程師來到工廠，果然發現了一些沒有充分冶煉的礦石。經過檢查發現，原來是監測機器的某個零件出現了問題，才導致了冶煉的不充分。

企業的總經理知道了這件事之後，不但獎勵了喬治，而且還晉升喬治為負責技術監督的工程師。總經理不無感慨地說：「我們企業並不缺少工程師，但缺少的是負責任的工程師，這麼多工程師就沒有一個人發現問題，而且有人提出了問題，他們還不以為然。對於一個企業來講，人才是重要的，但是更重要的是真正有責任感的人才。」

喬治從一個剛剛畢業的大學生變為負責技術監督的工程師，可以說是突飛猛進，他工作之後的第一步成功就是來自於他的責任感，正如企業總經理所說的那樣，企業並不缺少工程師，並不缺乏能力出色的人才，但缺乏負責任的員工，從這個意義上說，喬治正是企業最需要的人才。他的責任感讓他的主管認為可以對他委以重任。

如果你的主管讓你去執行某一項命令或者指示，而你卻發現這樣做可能會大大影響企業利益，那麼你一定要理直氣壯地提出來，不必去想你的意見可能會讓你的上級大為惱火或者就此衝撞了你的上級。大膽地說出你的想法，讓你的主管明白，身為員工，你不是在刻板地執行他的命令，你一直都在斟酌考慮，考慮怎樣做才能更好地維護企業的利益和老闆的利益。同樣，如果你有能力為企業創造更多的效益或避免不必要的損失，你也一定要付諸行動。因為，沒有哪一個主管會因為員工的責任感而批評或者責難你。相反，你的主管會因為你的這種責任感而對你青睞有加。因為一種職業的責任感會讓你的能力得到充分地發揮，這種人將被委以重

任，而且大概也永遠不會失業。

責任承載能力，如果你有能力承擔更多的責任，而你慶幸自己只承擔了一份，那麼，你首先是一個不願意承擔責任的人；其次，你拒絕讓自己的能力有更大的進步，甚至是對自己有所超越；再次，你先放棄了自己，然後放棄了能夠承擔更多責任的義務；最後，你辜負了別人也辜負了自己，因為你的能力永遠由責任來承載，也因責任而得到展現，你與成功的距離不但不會接近，反而會一天天拉遠。

8. 責任更勝於能力

有一位偉人曾經說過：「人生所有的履歷都必須排在勇於負責的精神之後。」責任能夠讓一個人具有最佳的精神狀態，精力旺盛地投入工作，並將自己的潛能發揮到極致。

責任勝於能力！

然而，讓我們感到萬分遺憾的是，在現實生活以及工作中，責任經常被忽視，人們總是片面地強調能力。

的確，戰場上直接打擊敵人的，是能力；商場上直接為企業創造效益的，也是能力。而責任，似乎沒有造成直接打擊敵人和創造效益的作用。可能正是因為這一點，導致人們重能力輕責任。

企業的主管們在分派任務時，也無意識中犯著類似的錯誤。他們過分強調員工「能夠做什麼」，而忽視了員工「願意做什麼」。

當然，責任勝於能力，並不是對能力的否定。一個只有責任感而無能力的人，是無用之人。而責任需要用業績來證明，業績是靠能力去創造的。對一個企業來說，員工的能力和責任都是動態的。

卡爾先生是美國一家航運企業的總裁，他提拔了一位非常有潛能的人到一個生產落後的船廠擔任廠長。可是半年過後，這個船廠的生產狀況依然無法達到生產指標。

「怎麼回事？」卡爾先生在聽了廠長的匯報之後問道，「像你這樣能幹的人才，為什麼不能夠拿出一個可行的辦法，激勵他們完成規定的生產指標呢！」

「我也不知道。」廠長回答說，「我也曾用加大獎金力度的方法引誘，也曾經用強迫壓制的手段威逼，甚至以開除或責罵的方式來恐嚇他們，無論我採取什麼方式，都改變不了工人們懶惰的現狀。他們就是不願意工作，實在不行就應徵新人吧，讓他們走人！」

這時恰逢太陽西沉，夜班工人已經陸陸續續向廠裡走來。「給我一枝粉筆，」卡爾先生說，然後他轉向離自己最近的一個白班工人，「你們今天完成了幾個生產單位？」

「6 個。」

卡爾先生在地板上寫了一個大大的、醒目的「6」字以後，一言不發就走開了。當夜班工人進到工廠時，他們一看到這個「6」字，就問是什麼意思。

「卡爾先生今天來這裡視察，」白班工人說，「他問我們完成了幾個單位的工作量，我們告訴他6個，他就在地板上寫了這個『6』字。」

次日早上卡爾先生又走進了這個工廠，夜班工人已經將「6」字擦掉，換上了一個「7」字。隔天白班工人來上班的時候，他們看到一個大大的「7」字寫在地板上。

夜班工人以為他們比白班工人好，是不是？好，他們要給夜班工人點顏色瞧瞧！他們全力以赴地加緊工作，下班前，留下了一個神氣活現的「10」字。生產狀況就這樣逐漸好起來了。不久，這個一度生產落後的廠子比別的企業工廠產出還要多。

卡爾先生為了達到提升生產效率的效果，巧妙地用一個數字激起了員工對企業的責任意識。而這種責任感使得員工充分發揮出他們的能力，創造出傲人的業績。

9. 像老闆那樣承擔責任

為更好地履行責任，有必要以老闆的標準來要求自己。一旦把企業的事情當成自己的事情，你就會發現，以前那些工作的煩惱、不快都一掃而光，你就會把企業的事情當做你最好的滋補品、最好的化妝品和最親密的戀人。

鋼鐵大王卡內基（Andrew Carnegie）曾說：「無論在什麼地方工作，都不應只把自己當做企業的一名員工，而應該把自己當成企業的老闆。」你應該用老闆的標準去要求自己，去從事工作。當你看到企業裡物品破損或者生產浪費時，你是袖手旁觀還是像老闆那樣去竭力阻止？當你看到企業的市場正在一點點地被對手侵蝕，你是漠不關心，還是像老闆那樣去積極尋找對策？當你看到你的同事在工作中碰到挫折而心情憂鬱時，你是採取事不關己高高掛起的態度，還是像老闆那樣主動地去鼓勵他？

老闆與員工最大的區別就是：老闆把公司的事情當做自己的事情，員工則喜歡把企業的事情當做老闆的事情。在這兩種不同心態的驅使下，他們工作的方式不可同日而語。老闆，不用說，任何關於企業利益的事情他都會去做，但是有些員工在公司裡卻往往只做那些分配給他們的事情，對於其他事情，他們往往用「那不是我的工作」、「我不負責這方面的事情」來推託。他們往往只是在上班的 8 小時為公司工

作，下班之後就好像與公司沒有任何關係。有這種想法的員工，他們在腦海裡把企業和自己分得很開，他們沒有把自己看成是企業裡一個重要的組成部分，這樣的員工一定融入不了企業，也永遠成不了優秀的員工。

三洋電機創始人井植薰說：「對於一般的員工，我僅要求他們工作 8 小時。也就是說，只要在上班時間內考慮工作就可以了。對於他們來說，下班之後跨出企業大門，愛做什麼就可以做什麼。但是，我又說，如果你只滿足於這樣的生活，實際上沒有想做 16 個小時或者更多的念頭，那麼你這一輩子可能永遠只能是一個一般的員工。否則，你就應當自覺地在上班以外的時間多想想工作，多想想企業。」

所有的老闆都一樣，他們都不會青睞那些只是每天 8 小時在企業得過且過的員工，他們渴望的是那些能夠真正把企業的事情當做自己的事情來做的員工，因為這樣的員工任何時候都敢作敢當，而且能夠為企業積極地出謀劃策。無論你是老闆還是員工，如果你真正熱愛這個企業的話，你就應該把企業的事情當成自己的事情。

皮爾卡登（Pierre Cardin）曾說：「工作使我愉快，休息使我煩惱。」一個員工，要是對工作有了皮爾卡登大師的這種感情，就會覺得工作越做越賣力，人越活越年輕，道路越走越寬廣。

微軟總裁比爾蓋茲在被問及他心目中的最佳員工是什麼

樣時，他也強調了這樣一條：一個優秀的員工應該對自己的工作滿懷熱情，當他對客戶介紹本企業的產品時，應該有一種「傳教士傳道般的狂熱」！只有把自己的本職工作當成一門事業來做的人才可能有這種宗教般的熱情，而這種熱情正是驅使一個人去獲得成就的最重要的因素。

但是，毋庸諱言，在許多企業有不少員工只是將工作當成一門養家餬口的、不得不從事的差事，談不上什麼榮譽感和使命感。

甚至有很多人認為，我出力，老闆出錢，等價交換，誰也不欠誰的，誰也不用過分認真，於是在工作中，只想做企業的老牛，而不是做企業的功臣。他們沒有一絲工作的熱情，而是像老牛拉磨一樣，懶懶散散，不求有功，但求無過。如果你真想成為一名優秀的員工，要想在企業有所發展的話，就把企業的事情當做自己的事業來做吧！

10. 把承擔責任作為一種習慣

對那些總是挑三揀四，對自己的老闆、工作、企業這不滿意，那不滿意的員工；對那些沒有熱情，總是推卸責任，不知道自我批判的員工；對那些無法圓滿地完成上級交付的任務，無法按期完成自己的本職工作的員工，最好的救治良

藥就是：端正他的態度，然後堅定地告訴他：記住，這就是你的責任！

既然從事了某一職業、某一職位，就必須接受它的全部。任何工作的細節，都是這個工作的一部分，而不應僅僅只享受它給你帶來的益處和快樂。

時刻不要忘記工作賦予你的榮譽，不要忘記你的責任，也不要忘記你的使命。因為，一個無法讓承擔責任成為一種習慣的人，必將被這個激烈競爭的現實社會所淘汰。

美國獨立企業聯盟主席傑克·法里斯 13 歲時，開始在他父母的加油站工作，父親讓他在前臺接待顧客。

當有汽車開進來時，法里斯必須在車子停穩前就站到司機門前，然後忙著去檢查蓄電池、傳動帶、油量、膠皮管和水箱。法里斯做得很好，顧客常常還會再來。法里斯總是幫助顧客擦去車身、擋風玻璃和車燈上的汙漬。

但也有一位老太太不那麼好接待，她總是開著她的車來清洗和打蠟，車內的地板凹陷極深，很難打掃。這位老太太極難打交道，每次她都要仔細檢查一遍法里斯的工作，然後讓法里斯重新打掃，直到清除每一縷棉絨和灰塵她才滿意。

終於，有一次，法里斯實在忍受不了了，他不願意再伺候她了。這時，他的父親告誡他說：「孩子，記住，這是你的責任！不管顧客說什麼或做什麼，你都要記住把這當成你自己的習慣，並以應有的禮貌去對待顧客。」

父親的話讓法里斯深受震撼，法里斯後來說道：「正是在加油站的工作使我學習到了嚴格的職業道德和應該如何對待顧客，這些東西在我以後的職業經歷中發揮了非常重要的作用。」

對於工作，我們又怎能去懈怠、輕視和踐踏它呢？我們應該懷著感激和敬畏的心情，盡自己最大的努力，把它做到完美。只要你自己一天不退出工作職位，也不打算從職場的舞臺上消失，你就沒有理由不認真對待自己的工作。你需要培養積極承擔責任的好習慣，因為這對你的職業生涯有莫大的幫助。

注重生活中的細節

習慣成自然，當責任感成為你的一種習慣時，做事認真負責也就慢慢融入你的生活態度，而不是被人監督著才刻意去做。當一個人自然而然地做一件事情時，他是不會覺得麻煩和累的。其實，每個人在學校教育中，都接受過關於責任感的訓練，比如完成老師安排的作業。注意生活中的細節，有助於你養成負責、信守諾言的好習慣。

把負責任作為積極的生活態度

當你已經習慣了別人替你承擔責任，那麼你將永遠虧欠別人，你的腰板也就永遠也不會挺直。所以，把承擔責任作為一種積極的生活態度是最好的。這樣既不會覺得責任會給

自己帶來壓力，也不會因為自己承擔責任而覺得別人欠了你什麼。

尤其是當責任由生活態度成為工作態度時，工作對於你來說，其意義就不僅僅是賺錢那麼簡單了，也就不會因為企業的規定而覺得自己的自由受到了羈絆，更不會做出違背企業利益的事。

把企業興亡當做自己的責任

一個真正的優秀員工的行為準則是：企業興亡，我的責任。相反，「旁觀者效應」的實質是個人責任心的模糊。在企業裡，它的危害更不容小視。一句「這不是我的責任」，可以讓你躲過一次麻煩，但也會讓你失去一次改善自己人格的機會，在承擔責任與推脫的較量中敗下陣來。

企業的每個人不僅要做好本職工作，更應該努力多做一點，只要是有益於企業的，就應該全力以赴地去做。因為，那也是有益於自己的事情。

11. 對待工作職位的心態

一個人所做的工作，就是他人生的部分表現。而一生的職業，就是他志向的表示、理想的所在。所以，了解一個人的職業，在某種程度上就是了解其本人。

如果一個人輕視他自己的職位，而且做得很粗陋，那麼他絕不會尊敬自己。如果一個人認為他的職位辛苦、煩悶，那麼他的工作絕不會做好，這一工作也無法發揮他內在的特長。在社會上，有許多人不尊重自己的職位，不把自己的工作看成創造事業的要素和發展人格的工具，而視為衣食住行的供給者，認為工作是生活的代價、是不可避免的勞碌，這是多麼錯誤的觀念啊！常常抱怨工作的人，終其一生，絕不會有真正的成功。抱怨和推諉，其實是懦弱的自白。

工作就是付出努力以達到的目的。最令人滿意的職位就是使我們的工作導向我們認為能表現自己的才能和性格的努力。一個人對工作所持的態度，和他本人的性情、做事的才能有著密切的關係。要看一個人能否達成自己成功的心願，只要看他工作時的精神和態度就可以了。如果某人做事的時候，感到受了束縛，感到所做的工作勞碌辛苦，沒有任何趣味可言，那麼他絕不會做出偉大的成就。

不論做何事，務須竭盡全力，這種精神的有無可以決定一個人日後事業上的成功與失敗。一個人工作時，如果能以生生不息的精神、火焰般的熱忱，充分發揮自己的特長，那麼不論所做的工作怎樣，都不會覺得勞苦。倘若能處處以主動、努力的精神來工作，那麼即使在最平庸的職業中，也能增加他的威望和財富。

不管你的職務看起來是怎樣的卑微，你都應當付出藝術

家的精神，應當有十二分的熱忱。要懂得，凡是應當做而又必須做的事情，總能找出事情的樂趣，這是我們對於職務應抱的態度。有了這種態度，無論處在什麼職位，都能有很好的成效。

12. 不要逃避應負的責任

責任意識會讓每一個員工表現得更加卓越，但是很多人不清楚這一點，他們只看到責任帶給人的沉重的包袱，因此他們放棄承擔責任的義務，選擇了逃避。

責任有它的負面效應，你可能因此而失去很多榮譽，也可能因此而功敗垂成。但是逃避責任是一枚毒果，甚至能讓人喪失做好最基本工作的能力。逃避責任的人做不好自己的本職工作，因為他做什麼都是小心翼翼，唯恐出了問題需要自己承擔責任，因此就毫無創造力可言。

任何時候，不逃避責任對自己、對企業、對國家、對社會都不可或缺。有了嚴格的要求，才會糾正自身的一些缺點，才會在工作上有所突破，才會受到主管的賞識。一個士兵要成為一個好軍人，就必須遵紀守法，有自尊心，為他的部隊和國家感到自豪，對於他的戰友和上級有高度的責任、義務感，對於自己表現出的能力有自信。同樣，這樣的要求，對企業的員工也非常適用。

身為一名員工，逃避責任就會破壞企業利益。員工有責任維護企業的利益和形象，因為員工就是企業代言人，員工的形象在某種程度上就代表了企業的形象。如果一個企業的員工有不負責任的形象，那麼整個企業給人的感覺也是不負責任的，這樣的企業在社會上很難立足。

逃避責任還會讓自己陷入孤立中。誰都會在工作上有一些失誤，關鍵是你的態度。如果抱著「千錯萬錯都是別人的錯」的態度，只會一味地抱怨別人，不從自己的身上找缺點，就會引起同事的不滿，下次合作的時候不會很融洽。工作中一個人一旦被孤立起來，找不到志同道合的合作者，你就離辭職不遠了。很多有遠見的人懂得在恰當的時機勇於承認錯誤，願意承擔責任，這樣的人會博得同事的同情、理解甚至尊敬，擁有良好的人際關係，下一次做事的時候就不會身陷孤立。

逃避責任的人永遠都不會受到人們的尊重。有一個年輕編輯頗有才華，但是工作散漫，缺乏責任感。一次報社急著要發稿，他卻拖拖拉拉，影響了報紙的出報時間。報社追究責任，他卻為自己找了一大堆的藉口，企圖讓報社來承擔損失。於是所有的人都對這個有才華的人充滿了鄙視，他們群起而攻之，最後這個年輕人不得不承擔責任。這種人永遠不會得到尊重和提升，人們寧願尊敬那些能力中等但盡職盡責的人。

不論你的薪資多麼低，不論你的老闆多麼不器重你，只要你在工作中不逃避責任，毫不吝惜地投入自己的精力和熱情，漸漸地你會為自己的工作成就感到驕傲和自豪，也會贏得他人的尊重。以主人和勝利者的心態去對待工作，工作自然而然就變成很有意義的事情。

然而，無論我們從事什麼行業，無論到什麼地方，我們總是能發現許多逃避責任和尋找藉口的人。他們不僅缺乏神聖的使命感，而且缺少敬業精神。

勇於承擔責任不僅展現了一個人的職業道德，更展現了一個人的社會道德觀和個人品德。如果一個人總是逃避責任，那麼最終受害的只能是他自己，到時候再想挽救就來不及了。

13. 責任不容推卸

責任感是人走向社會的關鍵特質，是一個人在社會上立足的重要資本。一個企業總是希望把每一份工作都交給責任心強的人，誰也不會把重要的職位交給一個沒有責任心的人。

主動要求承擔更多的責任或自動承擔責任，是我們成功的必備素養。人們能夠做出不同尋常的成績，是因為他們首先要對自己負責。沒有責任感的公民不是好公民，沒有責任感的員工不是優秀的員工。

實事上，一個員工與其為自己的失職尋找理由，倒不如大大方方承認自己的失職。領導者會因為你能勇於承擔責任而不責難你；相反，敷衍塞責，推諉責任，找藉口為自己開脫，不但不會得到別人理解，反而會讓別人覺得你不但缺乏責任感，而且還不願意承擔責任。

其實，人難免有疏忽的時候，沒有誰能做得盡善盡美，這是可以理解的。但是，如何對待已經出現的問題，就能看出一個人是否能夠勇於承擔責任。

任何一個領導者都清楚能夠勇於承擔責任的員工、能夠真正負責任的員工對於企業的意義。問題出現後，推諉責任或者找藉口，都無法掩飾一個人責任感的匱乏。如果你想這麼做，那麼，可以坦率地說，這種藉口沒有什麼作用，而且會讓你的責任感更為缺乏。

在南太平洋某座小島上，人們經常舉行以高空彈跳取悅神靈來祈禱山芋豐收的古老儀式。

彈跳者仔細挑選地點，他們用樹枝及樹幹來搭蓋高塔，然後用藤蔓把整個跳臺捆束妥當。每個彈跳者要為搭蓋工程負責，如果有任何差錯，沒有任何人會替他負責，當然也沒有人能搶去彈跳成功者的功勞。

彈跳者要選擇自己使用的跳藤，尋找恰到好處的長度，讓自己在以頭朝下腳朝上的姿態墜落時，頭髮剛好擦到地面。如果跳藤太長，表示會有一次致命的墜落；太短則會把彈跳者彈回平臺，這樣可能會對他今年的收成有不利的影響。

在指定的當天，彈跳者爬上 65 — 85 英呎高的跳塔，綁上他所挑選的籐條，踏上平臺，來到高塔最狹窄的一端，然後縱身躍下。

彈跳者可以在最後一刻改變主意，放棄彈跳，這樣也不會被認為是件恥辱的事，但大部分人願意做這件事，願意100%為自己的行為負責。

參加彈跳的人對自己的行為和可能的結果都有十分清楚的認知，然而他們仍然願意參加，因為他們願意為自己的行為負全部的責任。承擔自己的責任，責無旁貸。

14. 不要害怕承擔責任

在美國前總統杜魯門的辦公桌上擺著一個牌子，上面寫著：問題到此為止。

這就是責任！

如果在工作中，對待每件事都是「問題到此為止」，那麼可以肯定地說，這樣的企業將為世人所震驚，這樣的員工將贏得所有人的尊重和讚譽。

世上沒有不必承擔責任的工作，工作就意味著責任。職位越高，權力越大，你所肩負的責任就越重。

千萬別害怕承擔責任。立下定決心：你一定能夠承擔任何正常職業生涯中的責任，你一定能夠比前人完成得更出色。世界上最愚蠢的事情是推卸眼前的責任，認為待到將來準備好了、條件成熟了再去承擔就是了。在需要你承擔責任的時候，立刻去承擔它，這便是最好的準備。假若不習慣這麼去做，即使等到條件成熟了，你將不可能承擔得起責任，你也不會做好任何重要事情。

現在，企業中的老闆越來越需要那些敢作敢當、勇於承擔責任的員工。因為，在現代社會裡，責任感是很重要的，不論對於家庭、企業，還是你周圍的社交圈子，都是如此。它意味著專注和忠誠。

小田千惠是日本索尼公司業務部的一名普通接待員，工作職責就是為往來的客戶訂購飛機票和火車票。有一段時間，由於業務的需要，她時常會為美國一家大型企業的總裁訂購往返於東京和大阪的火車票。

後來，這位總裁發現了一個非常有趣的現象：他每次去大阪時，座位總是緊鄰右邊的窗口，返回東京時，又總是坐在靠左邊窗口的位置上。這樣每次在旅途中他總能在抬頭間就能看到美麗的富士山。

「不會總是這麼好運氣吧？」這位總裁對此百思不得其解，隨後便饒有興趣地去問小田千惠。

「哦，是這樣的，」小田千惠笑著解釋說：「您乘火車去大阪時，日本最著名的富士山在車的右邊。據我的觀察，外國人都很喜歡富士山的壯麗景色，而回來時富士山卻在車的左側，所以，每次我都特意為您預訂了可以一覽富士山的位置。」

聽完小田千惠的這番話，那位美國總裁打內心深處產生了強烈的震撼，由衷地讚美道：「謝謝，真是太謝謝妳了，妳真是一位很出色的雇員！」

小田千惠笑著回答說：「謝謝您的誇獎，這完全是我職責範圍內的工作。在我們公司，其他同事比我還要更加盡職盡責呢！」

美國客人在感動之餘，對索尼的領導層不無感慨地說：「就這樣一件小事，貴公司的職員都想得如此周到細心，那麼，毫無疑問，你們會對我們即將合作的龐大計畫盡心竭力的。所以與你們合作我一百個放心。」令小田千惠沒有想到的是，因為她的盡職盡責，這位美國總裁將貿易額從原來的500 萬美元一下子提升至 2,000 萬美元。

更令小田千惠驚喜的是，不久她就由一名普通的接待員提升至業務部的主管。

像小田千惠這樣的人在企業裡無疑就是一名榜樣員工。

因為她將責任根植於內心，讓它成為了其腦海中的一種自覺意識。這樣一來在日常的行為和工作中，這種責任意識才會讓她表現得更加卓越。

因為她清楚，身為一名合格稱職的好員工，就必須盡職盡責，對她的職位和公司感到自豪，對於她的同事和上級有高度的責任義務感，對於自己表現出的能力有充分的自信。

我們經常可以看到這樣的員工，他在談到自己的公司時，使用的代名詞通常都是「他們」而不是「我們」，比如說「他們行政部怎樣怎樣」、「他們業務部怎樣怎樣」，這是一種缺乏責任感的典型表現，這樣的員工至少沒有一種「我們是一整個機構」的認同感。

就像沒有責任感的軍官不是好軍官，沒有責任感的公民不是好公民一樣，沒有責任感的員工也絕不會是好員工。

具備高度責任感的人，從不把該負的責任推諉給別人，永遠會被你周圍的人包括你的主管所賞識。

15. 不要看不起自己的工作

在許多企業單位裡，有許多員工認為自己所從事的工作是低人一等的，他們只是迫於生活的壓力而工作。他們無法意識到工作的價值，輕視自己所從事的工作，自然無法積極

主動地專注本職工作，以致在工作中敷衍塞責、得過且過，而將大部分心思用在如何擺脫現在的工作環境和如何對付上級主管了。

如果一個員工輕視自己的工作，將工作當成低賤的事情，那麼他絕不會尊敬自己。因為看不起自己的工作，所以備感工作艱辛、煩悶，自然工作也不會做好。

其實，所有正當合法的工作都是值得尊敬的。只要你誠實地勞動和創造，一心一意地做好本職工作，沒有人能夠貶低你的價值，關鍵在於你如何看待自己的工作。那些只知道要求高薪，卻不知道全力以赴工作的人，無論對自己，還是對企業，都是沒有存在價值的。

也許某些行業中的某些工作看起來並不高雅，工作環境也很差，無法得到社會的承認，但是，請不要忽視這樣一個事實：只有盡忠職守才是衡量傑出員工的那把尺。如果每個人都追求那種高薪而體面的工作，而不專注於手頭的工作，說得嚴重一點，這個民族是非常危險的。因為一個習慣了粗製濫造的民族，絕不會有更多的生存空間。

實際上，工作本身沒有貴賤之分，但是對於工作的態度卻有高低之別。看一個人是否能做好事情，從他對待工作的態度就可以看出。而一個人的工作態度，又與他本人的性情、才能有著密切的關係。而一個人所做的工作，是他人生態度的集中表現。所以，透過員工的工作態度，在某種程度上就可以了解他的人生價值。一個看不起自己工作的人，其人生也不會有太多價值。

如果只從他人的眼光來看待我們的工作，或者僅用世俗的標準來衡量我們的工作，它或許是毫無生氣、單調乏味的，沒有任何吸引力和價值可言。但如果你抱著一種使命感的心態和學習的心態，工作就會變得很有意義。

每一件工作都值得我們去做，不要看不起自己的工作，認為自己是大材小用，這是非常錯誤的，也是非常危險的。因為這很容易導致工作者狂傲自大，而又無真才實學。

敬業員工之所以前程似錦，因為他們不論做何事，都竭盡全力。一個人工作時，如果能以生生不息的專注精神、火焰般的熱忱，充分發揮自己的特長，那麼不論所做的工作如何平凡，即使是平庸的職業，也能增加他在行業中的聲譽，因為每一個行業中都有出類拔萃的人，每一個行業都有他們值得敬重的精神。

第五章 培養對工作的責任心

我的工作其實是一場競賽，我喜歡在事情到了緊要的關頭時全力以赴的感覺，在這個時候，人往往有超水準的表現。

1. 對工作具有責任心

我們經常可以聽到，有不少的員工在談到自己的企業單位時，通常都是說，「他們業務部怎麼怎麼樣」、「他們財務部怎麼怎麼樣」，這是責任感缺乏的突出表現，這樣的員工絲毫沒有「我們就是整個機構」的認同感。

責任感是不容易獲得的，原因就在於它是由許多小事構成的。但是最基本的是做事成熟，無論多小的事，都能夠做比以往任何人得都好。比如說，該到上班時間了，可外面陰冷下著雨，而被窩裡又那麼舒服，你還未清醒的責任感讓你在床上多躺了兩分鐘，你一定會問自己，你盡到職責了嗎？還沒有……除非你的責任感真的沒有發芽，你才會欺騙自己。對自己的慈悲就是對責任的侵害，必須去戰勝它。

有一個替人割草打工的男孩打電話給布朗太太說：「您需不需要割草？」布朗太太回答說：「不需要了，我已有了割草工。」男孩又說：「我會幫您拔掉草叢中的雜草。」布朗太太回答：「我的割草工已做了。」男孩又說：「我會幫您把草與走道的四周割齊。」布朗太太說：「我請的那人也已做了，謝謝你，我不需要新的割草工人。」男孩便掛了電話。此時男孩的室友問他說：「你不是就在布朗太太那割草打工嗎？為什麼還要打這通電話？」男孩說：「我只是想知道我究竟做得好不好！」

多問自己「我做得如何」，這就是責任。

工作就意味著責任。而世界上最愚蠢的事情莫過於推卸眼前的責任，認為等到以後準備好了、條件成熟了再去承擔才好。在需要你承擔重大責任的時候，馬上就去承擔它，這就是最好的準備。如果不習慣這樣去做，即使等到條件成熟了以後，也不可能承擔起重大的責任，其他任何重要的事情你也不可能做好。

每個人都肩負著一定的責任，正因為存在這樣或那樣的責任，才能對自己的行為有所約束。尋找藉口就是將應該承擔的責任轉嫁給社會或他人。而一旦我們有了尋找藉口的習慣，那麼我們的責任之心也將隨著藉口煙消雲散。沒有什麼不可能的事情，只要我們不把藉口放在我們的面前，就能夠做好一切，就能完全地盡職盡責。

藉口讓我們忘卻責任。事實上，人通常比自己認定的更好。當他改變自己心意的時候，並不需要去增進他所擁有的技能。他只需要把已有的技能與天賦運用出來就行。這樣，他才能夠不斷地樹立起責任心，把藉口拋棄掉。

千萬不要利用自己的功績或手中的權力來掩飾錯誤，從而忘卻自己應承擔的責任。人們習慣於為自己的過失尋找種種藉口，以為這樣就可以逃脫懲罰。正確的做法是，承認它們，解釋它們，並為它們道歉。最重要的是利用它們，要讓人們看到你如何承擔責任和如何從錯誤中吸取教訓。這不僅

僅是一種對待工作的態度，這樣的員工也會得到老闆的賞識和提拔。

2. 以責任為工作第一準則

人們都欣賞和欽佩那些敢做敢當、勇於承擔責任的人。同樣，在企業裡，老闆們也希望自己的員工能敢做敢當並能勇於承擔責任，因為責任感的強弱，在一定程度上也意味著員工對企業是否專注。

所以，身為一名員工一定要切記：當工作中出現問題，如果是自己的責任，應該勇於承擔，並設法補救。慌忙推卸責任並置之度外，以為老闆沒察覺，這種做法是很愚蠢的。老闆之所以能夠排除萬難建立他的事業，必有他的過人之處，對一些小問題的責任也自然能分辨誰是誰非。

不要以為老闆都是「忠奸不分」的人，如果你已經是在推卸責任而老闆仍然用你的話，那並不代表他贊同你的做法，或許僅僅是因為他一時找不到人，而你又有其他長處可用，其實，他是不願當眾揭穿你推卸責任的行為。但是，在老闆的心中，早已把你定位成了一個並不可靠的人。別以為只有老闆和管理人員才是責任人，老闆心目中的員工，個個都應是責任人。

在比爾蓋茲的企業裡，目前已有兩萬多名員工，人數雖多，每一個人都肩負著所做工作的一定責任。對此，比爾蓋茲說：「讓員工感到自己的責任，他們才能更大效率地進行工作，推進工作的進展速度。」

我們要時刻牢記——職責就是我們行為的準則。

3. 責任是一種工作態度

一位曾多次受到企業嘉獎的員工說：「我因為責任感而多次受到企業的表揚和獎勵，我覺得自己真的沒做什麼，我很感謝企業對我的鼓勵，其實擔當責任或者願意負責並不是一件困難的事，如果你把它當做一種生活態度的話。」

其實，在很多教育中，就有關於責任感的訓練。注意生活中的細節也有助於責任的養成。大家都說習慣成自然，如果責任感也成為一種習慣時，也就慢慢成了一個人的生活態度，你就會自然而然地去做，而不是刻意去做。當一個人自然而然地做一件事情時，當然不會覺得麻煩和累。

對於承諾的信守，這就是你的責任。一旦你做出什麼承諾給別人，別人可能會對你的承諾守信表示讚美，你可能就不會欣欣然而喜，因為你覺得自己本該這麼做，這是你的一種生活態度。

當責任由生活態度成為工作態度時，工作對於自身的意義就不僅僅是賺錢那麼簡單，也就不會因為企業的規定而覺得自己的自由受到了羈絆，更不會做出違背企業利益的事。

有人說：有幾個人對租來的車子，會像對自己車子那般細心維護？有幾個人在歸還租來的車子之前，會把車子洗乾淨？責任感有可能就在這樣的小事中失掉，責任感也會在這樣的小事中建立起來。

當你少一些抱怨、少一些牢騷、少一些理由，多一份認真、多一份責任、多一份主動的時候，你再看看機會會不會來敲你的門？

4. 盡責來自於樂趣

優秀員工與普通員工的區別在於他們對待工作的態度，前者把盡職盡責的工作當做樂趣，後者把盡職盡責的工作看成苦役。

要看一個人是否對工作盡職盡責，只要看他工作時的態度即可。如果某人做事的時候，感到受了束縛，感到所做的工作只有勞碌辛苦，沒有任何趣味可言，那麼他絕不可能有什麼偉大的成就。

人們對他的工作所持有的態度和他本人的性情、做事的方式有著很大的關係。

如果一個人輕視他自己的工作，做事草率，那麼他絕不會尊敬自己。如果一個人認為他的工作辛苦、煩悶，那麼他的工作絕不會做好，這個工作也無法發揮他內在的特長。

在任何情形之下，都不允許你對自己的工作表示厭惡。厭惡自己的工作，這是最糟糕的事情。如果你為一些不得已的事情所迫，而做一些乏味的工作，你也應當設法從這乏味的工作中找出樂趣來。有了這種態度，無論做什麼工作，都能有很好的成效。

不管你的工作是怎樣的卑微，你都應當付出藝術家的精神而非付出工匠的精神，只有這樣，你才能從平庸卑微的境況中解脫出來。一個人工作時，如果能以自動自發的精神，火焰般的熱忱，充分發揮自己的特長，那麼不論所做的工作怎樣，都不覺得勞苦。

一個人的終身職業，就是他親手所塑的雕像，是美麗還是醜惡，可愛還是可憎，都是由他一手造成的。

不論做什麼事，都要竭盡全力，這是決定一個人日後事業上成敗的關鍵。如果一個人領悟了透過全力工作來免除工作中的辛勞的祕訣，那麼他也就掌握了達到成功的原理。倘若能處處以主動、努力的精神來工作，那麼即便從事最卑微低下的職業，也能綻放出自己的光彩。

5. 對自己的工作負責

對自己的工作不負責的人，被人戲稱為「鴨子」，他們沒有一顆進取的心，同時也失去一次次成長和晉升的機會。

有一次，布朗先生在華盛頓飯店辦理預約手續，得到確認之後，他於第三天準時來到飯店。這時櫃檯小姐告訴他，因為人員爆滿，飯店超額預訂，所以已經取消了他的預訂。說完就不再搭理他，他再三請求，小姐唯一的答覆就是：「飯店住滿了，我也無能為力，我不能變魔法為你變出一間房子來，呱，呱，呱……」

布朗先生知道，這沒有戲了。因為她是一隻「鴨子」，「鴨子」的做事風格就是：我辦不到，這不可能，沒有我的事，呱，呱，呱……

這時，一隻「鷹」過來了，他說：「我們的飯店確實住滿了。我對您的預訂表示歉意。我盡快為您想辦法，我可以為您在附近同樣等級的飯店找一間房子。您現在只需要到我的餐廳等待，我為您免費提供了一份商務套餐，您慢慢享用，稍後我讓服務員帶您去房間。」

這就是「鷹」，做事總是找解決的辦法，而「鴨子」總是找藉口；「鷹」提供建設性的意見，「鴨子」抱怨個不停；「鷹」承擔責任，並全力以赴，「鴨子」等著別人送食物上門；「鷹」發現毛病就會改進，「鴨子」只會挑毛病；「鷹」

主動進取，「鴨子」消極怠工。

在工作中，你是願意做一隻「鷹」，還是「鴨子」，甚或是一隻「貝殼」？

作為一隻「鷹」來說，你做的工作就是應該比自身的職責還要多一些，因為你還有一些潛在的職責，這是每一個員工為了企業的目標都應該盡力而為的。你知道你的工作是遵守職責和規章制度，但職責的規定是僵化的，還有許多工作是職責無法規定的，比如改進現有的工作方法，提供更優質的服務，站在客戶的角度考慮問題等等。如果你要做一隻「鷹」的話，你就要更加注意企業的發展目標，更加考慮企業的利益，考慮顧客的利益，為此你必須做更多的工作。

總之，不要僅僅做那些別人告訴你要去做的事情，而要主動做那些需要做的事情。如果企業需要的話，如果顧客需要的話，你要發揮你的主動性，竭盡所能地去做。你一旦具備了主動精神，你就會發現有許多需要你去做的事情，由此你也獲得了比別人更多的增加能力的機會。

每一位員工在每一項工作中都要傾聽和相信這一點：不要僅僅做那些別人告訴你要去做的事情，而是要主動做那些需要做的事情。

安德魯·卡內基曾經這樣說過：「有兩種人絕對不會成功：一種是除非別人要他做，否則絕不主動做事的人；第二種人則是即使別人要他做，也做不好事的人。那些不需要別人催促，就會主動去做應做的事，而且不會半途而廢的人必將成功。」

6. 在工作中要扛起責任

有人說，假如你非常熱愛工作，那你的生活就是天堂；假如你非常討厭工作，那你的生活就是地獄。因為在你的生活當中，有大部分的時間是和工作連繫在一起的。不是工作需要人，而是任何一個人都需要工作。你對工作的態度決定了你對人生的態度，你在工作中的表現決定了你在人生中的表現，你在工作中的成就決定了你人生中的成就。所以，如果你不願意拿自己的人生開玩笑，那就在工作中勇敢地負起責任。

既然已從事了一種職業，選擇了一個職位，就必須接受它的全部，就算是屈辱和責罵，那也是這項工作的一部分，而不是僅僅只享受工作給你帶來的益處和快樂。

面對你的職業、你的工作職位，請時刻記住，這就是你的工作，不要忘記你的責任，工作呼喚責任，工作意味著責任。

對於手頭工作和自己的行為百分之百負責的員工，他更願意花時間去研究各種機會和可能性，顯得更值得信賴，也因此能獲得別人更多的尊敬，與此同時，他也獲得了掌控自己命運的能力，這些將加倍補償他為了承擔百分之百的責任而付出的額外努力、耐心和辛勞。

李先生是個退伍軍人，幾年前經朋友介紹來到一家企業做倉庫保管員，雖然工作不繁重，無非就是按時關燈，關好門窗，注意防火防盜等，但李先生卻做得超乎常人的認真，他不僅每天做好來往工作人員的提貨日誌，將貨物有條不紊地放整齊，而且從不間斷地對倉庫的各個角落進行打掃清理。

3 年下來，倉庫沒有發生一起失火失盜案件，其他工作人員每次提貨也都會在最短的時間裡找到所提的貨物。在企業成立 20 週年慶功會上，老闆按老員工的級別，親自為李先生頒發了 5,000 元獎金。好多老員工不理解，李先生才來這裡 3 年，憑什麼能夠拿到這個只有老員工才能拿到的獎項？

老闆看出大家的不滿，於是說道：「你們知道我這 3 年中檢查過幾次倉庫嗎？一次也沒有！這不是說我工作沒做到，其實我一直很了解倉庫保管情況。身為一名普通的倉庫保管員，李先生能夠做到三年如一日地不出差錯，而且積極配合其他部門人員的工作，對自己的職位忠於職守，比起一些老員工來說，李先生真正地把這裡當做家啊，我覺得這個獎勵他當之無愧！」

可以想像，只要在自己的位置上真正領會到「工作意味著責任」，領會到責任的重要性，百分之百負責地完成自己的工作，這樣的員工遲早都會得到加倍的回報。

7. 負責能最大限度發揮工作潛能

對於一個工作人員來說，負責不僅能充分展現你的才能，它還能最大限度地激發你的潛能。

1970 年代中期，日本的索尼彩電在國內已經很有名氣了，但是在美國卻不被顧客所接受，因而索尼在美國市場的銷售相當慘淡。為了改變這種局面，索尼派出了一位又一位負責人前往美國芝加哥。

那時候，日本的商品在國際上的知名度還遠不如今天這麼高，其商品的競爭力也較弱，在美國人看來，日本貨就是劣質貨的代名詞。所以，被派出去的負責人，一個又一個空手而回，並找出一大堆藉口為自己的美國之行辯解。但索尼企業沒有放棄美國市場。

後來，卯木肇擔任了索尼國外部部長。上任不久，他被派往芝加哥。當卯木肇風塵僕僕地來到芝加哥市時，令他吃驚不已的是，索尼彩電竟然在當地寄賣商店裡蒙塵垢面，無人問津。卯木肇百思不得其解，為什麼在日本國內暢銷的優質產品，一進入美國竟會落得如此下場？經過一番調查，卯木肇知道了其中的原因。原來，以前來的負責人不僅沒有努力，還糟蹋著企業的形象，他們曾多次在當地的媒體上發布削價銷售索尼彩電的廣告，使得索尼在當地消費者心目進一步形成了「低賤」、「次品」的糟糕印象，索尼的銷量當然會受到嚴重的打擊。

在這種時候，卯木肇完全可以回國了，並且可以帶回新的藉口：前任們把市場破壞了，不是我的責任！但他沒有那麼做，他首先想到的是如何挽救局面，要如何才能改變這種既成的印象，如何才能改變銷售的境狀？經過幾天苦苦的思索，卯木肇被「頭牛」效應啟發，他決定找一家實力雄厚的電器企業做突破口，徹底開啟索尼電器的銷售局面。

馬歇爾企業是芝加哥市最大的一家電器零售商，卯木肇最先想到了它。為了盡快見到馬歇爾企業的總經理，卯木肇第二天很早就去求見，但他遞進去的名片卻被退了回來，原因是經理不在。第三天，他特意選了一個猜想經理較閒的時間去求見，但回答卻是「外出了」。他第三次登門，經理終於被他的耐心所感動，接見了他，但卻拒絕賣索尼的產品。經理認為索尼的產品降價拍賣，形象太差。卯木肇非常恭敬地聽著經理的意見，並一再地表示要立即著手改變商品形象。

回去後，卯木肇立即從寄賣店取回貨品，取消削價銷售，在當地報紙上重新刊登大面積的廣告，重塑索尼形象。

做完了這一切後，卯木肇再次叩響了馬歇爾企業經理的門。聽到的是索尼的售後服務太差，無法銷售。卯木肇立即成立索尼特約維修部，全面負責產品的售後服務工作；重新刊登廣告，並附上特約維修部的電話和地址，24小時為顧客服務。卯木肇還規定他的每個員工每天撥五次電話，向馬歇爾企業求購索尼彩電。

馬歇爾企業被接二連三的求購電話搞得暈頭轉向，以致員工誤將索尼彩電列入「待交貨名單」。這令經理大為惱火，這一次他主動召見了卯木肇，一見面就大罵卯木肇擾亂了企業的正常工作秩序。卯木肇笑逐顏開，等經理發完火之後，他才曉之以理，動之以情地對經理說：「我幾次來見您，一方面是為本企業的利益，但同時也是為了貴企業的利益。在日本國內最暢銷的索尼彩電，一定會成為馬歇爾企業的搖錢樹。」在卯木肇的巧言善辯下，經理終於同意試銷兩臺，不過，條件是，如果一週之內賣不出去，立刻搬走。

為了開個好頭，卯木肇親自挑選了兩名得力幹將，把百萬美元訂貨的重任交給了他們，並要求他們破釜沉舟，如果一週之內這兩臺彩電賣不出去，就不要再返回企業了……兩人果然不負眾望，當天下午4點鐘，兩人就送來了好消息。馬歇爾企業又追加了兩臺。至此，索尼彩電終於擠進了芝加哥的「頭牛」商店。隨後，進入家電的銷售旺季，短短一個月內，競賣出700多臺。索尼和馬歇爾從中獲得了雙贏。有了馬歇爾這隻「頭牛」開路，芝加哥市的 100 多家商店都對索尼彩電群起而銷之，不出 3 年，索尼彩電在芝加哥的市場占有率達到了 30%。

當要執行任務時，逃避責任的人會對自己或同伴說「算了，太困難了，到時主管過問起來，我們就說條件太缺乏」，或者說「不去做了，到時對主管說人手不夠」。這樣的員工，多麼令人失望啊，他們不僅是逃避責任，更是對自己能力的踐踏，對自己開拓精神的扼殺。逃避責任的人，也許可以得到暫時不執行任務的「清閒」，但卻失去了重要的成長機會——你什麼都不做，到哪去學習技能，累積經驗呢？更令人失望的是，在很多企業裡，業務員早上在企業報了到，然後跑出去喝咖啡、洗三溫暖，甚至進賭場，下午下班前再回企業「匯報」工作，主管問他要找的客戶找到沒有，他就說「客戶不在」，「客戶沒空，約好明天見」，「今天走訪的客戶太多，沒來得及」。

富有責任感的員工有開拓和創新精神，他絕不會在沒有努力的情況下，就事先找好藉口。他會想盡一切辦法完成企業交給的任務。條件不具備，他會創造條件；人手不夠，他就多做一些、多付出一些精力和時間。不管被派向哪裡，他都不會無功而返，都會在不同的職位上讓能力展現出最大的價值。

8. 熱愛自己的本職工作

優秀員工的業績始於源源不斷的工作熱忱，你必須熱愛並專注於這份工作，愈是喜歡這份工作，成績就愈是突出。

也許工作中的不快常常讓你沮喪、受挫，以至於熱情跟著燃燒殆盡。不過，你可以遵照以下方式改善自己，使自己熱愛本職工作。

（1）以你的產品或服務為傲。

（2）展現你的熱情，熱情能夠感染他人。

（3）相信你自己。

（4）定期重燃熱情。熱情不會一直維持在高峰，它就像電池一樣，使用一段時間後需要重新充電。

（5）與熱情人士為伍。

當你和一群缺乏熱情的人為伍時，千萬別受到他們的影響，反過來，你應想辦法鼓勵他們，替他們加油打氣，一旦他們恢復士氣，整個職場環境變得朝氣蓬勃時，你也會變得精神抖擻，充滿熱情與活力。

要成為一個優秀員工，就應該熱愛自己的工作，對工作滿腔熱情，主動地創造性地去工作，而不是被動地應付工作。員工是否熱愛自己的工作，所展現出來的精神面貌是完全不同的，所完成工作的品質和反映出的工作效率也是完全不同的。尤其是在工作碰到困難時，一個熱愛工作的員工就會極大地發揮個人的潛能，創造性地開展工作，克服困難。相反，不熱愛工作的員工在平時的工作中只能亦步亦趨地做事，一旦碰到困難，就顯得一籌莫展。

一個員工熱愛自己的工作，工作時就會積極地發揮主觀能動性，同時培養對企業的奉獻精神。

專注自己的工作是熱愛工作的最好展現，對自己工作不專注的人，談不上熱愛工作，更談不上成功。

成功來自於盡忠職守。當你集中精神，專注於自己的工作時，你就會發現你將獲益匪淺——你的工作壓力會減輕，做事不再毛毛躁躁、風風火火。對工作的專注，還能激發你更熱愛本職工作，並從工作中體會到更多的樂趣。

熱愛並專注於自己的工作，把工作當成使命，努力去做，你的工作就會變得更有效率，你也更能樂於工作，而且更容易取得成功。

9. 養成踏實勤懇的工作風格

如果你好高騖遠，無法踏踏實實地做好平凡的工作，也就等於沒有為自己的進步打下堅實的基礎。

無論做什麼事、擔任什麼職位，我們都要腳踏實地、全力以赴，這樣會使你越發能幹，同時你的心智也會成長，可

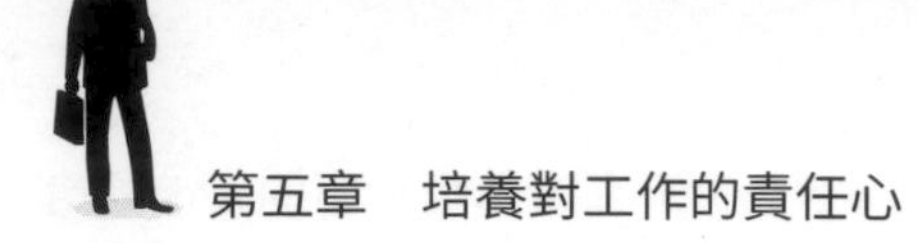

以追求更大的成功。

如果誰好高騖遠，那就在人生操作上犯了一個大錯。不要以為可以不經過程而直奔終點，不從卑俗而直達高雅，捨棄細小而直達廣大，跳過近前而直達遠方。心性高傲、目標遠大固然不錯，但有了目標，還要為目標付出努力，如果你只空懷大志，而不願為理想的實現付出辛勤勞動，那「理想」永遠只能是空中樓閣，是一文不值的東西。

無法腳踏實地者首要的失誤在於不切實際，既脫離現實，又脫離自身。或者以為周圍的一切都與他為難，或者不屑於周圍的一切，無法正視自身，沒有自知之明。你該掂量自己有多大的本事，有多少能耐，要知道自己有什麼缺陷，不要以己之所長去比人之所短。

脫離了現實便只能生活在虛幻之中，脫離了自身便只能見到一個無限誇大的變形金剛。無法腳踏實地，只能在空中飄著，那所有的遠大目標也只不過是海市蜃樓。

事業成功與工作態度，就像車身與車輪一樣，如果你不讓車輪著地，汽車就永遠不可能駛向遠方。

10. 激發自身的工作熱情

愛默生（Ralph Waldo Emerson）說：「缺乏熱情，難以成大事。」熱情是一把火，它可燃燒起成功的希望。要想獲得這個世界上的最大獎賞，你必須擁有將夢想轉化為全部有價值的獻身熱情，來發展和推銷自己的才能。

很難想像，一個對工作沒有絲毫熱情的人能夠將自己全身心投入到工作中去，並且創造出好的工作業績。熱情會讓你挖掘出自身潛力，激發想像力和創造力。工作離不開熱情。培養工作熱情是把工作做得更好的動力。

人的情緒常處於變化之中，有時心情會變得很鬱悶壓抑，但這只是暫時的。而工作熱情是一種長期穩定的積極心態，其中融入了你對工作的穩定的感情和態度，即使偶爾有不良情緒干擾，但這種對工作的熱情不會因此而減退。

使熱情發生減退的原因主要有以下幾種：

（1）工作能力和工作難度差距較大。如果工作太簡單了，沒有挑戰性，則激發不起熱情；工作太難，能力不夠，這種差距容易使人自信心受挫，喪失工作熱情。因此，選擇與自己能力相符的工作是很重要的。

（2）工作只是為了完成任務。意識不到工作的真正目的，認為工作只是為完成任務，自然會少了一份熱情，多了一份懈怠。用目標激發熱情，可以讓工作更富活力。

（3）懈怠的工作態度。本來是很感興趣的工作，也會因你隨便、懶散、懈怠的工作態度而失去熱情。消極心態是積極心態的剋星，消極情緒滋生，積極情緒則會衰減，這是一種此消彼長的關係。

培養對工作的熱情，需要有一種輕鬆的心情。如果壓力太大，干擾太多，情緒會受到影響，從而影響熱情的激發。

長期的熱情來源於對工作本身的熱愛，所以你應該了解工作本身，了解它的過去、現在，預測它的將來，拓寬你的視野。你發現得越多越深，你對工作的熱情就越高。一位作家曾說過：「對家鄉的熱愛，源於你對家鄉的了解。」同樣，你對工作的熱情，源於你對工作的了解。

11. 培養主動熱忱的工作態度

無論做什麼工作，都應熱忱對待。

凡事都顯得漠不關心，就連對自己的人生難關也會漠不關心，如果以如此消極的態度來對待人生，這是絕對不能寬恕的。企業員工應該有非同尋常的志趣，有比別人更突出、更堅韌的意志，凡事要靈活、敏捷、主動。

熱忱是一種工作的精神特質，代表一種積極工作的精神力量，這種力量不是一成不變的，而是不穩定的。不同的員工，熱忱程度與表達方式不一樣；同一個員工，在不同情況下，熱忱程度與表達方式也不一樣。但總的來說，熱忱是人人具有的，善加利用，可以使之轉化為巨大的能量。

在工作中，要想比別的員工更突出，必須保持一股工作的熱忱，只有當熱忱發自內心，又表現成為一種強大的精神力量時，才能征服自身與環境，創造出日新月異的工作業績，使你在激烈的競爭中立於不敗之地。

你要時刻告訴自己，你做的事情正是你最喜歡的，然後積極主動地去做，使自己感到對現在的職業已很滿足。而且你要表現熱忱，告訴別人你的工作狀況，讓他們知道你為什麼對這項職業感興趣。

再熟悉的工作，再簡單的工作，你都不可掉以輕心，都不可沒有熱忱。如果一時沒有煥發出熱忱，那麼就強迫自己採取一些行動，久而久之，你就會逐漸變得熱忱而主動。

12. 堅持不懈地努力工作

在你獲得成功之前，你必須經歷無以計數的失敗。你要抱定堅持不懈的決心，不斷地鼓足熱情和勇氣告訴自己「再來一次」。越是困難時期，越要堅持不懈，成功往往就在於比別人多堅持一會。困境是成功和失敗的分水嶺。大多數人在面對困難時會很容易地放棄自己的目標和意願，而成功者卻在困境中一如既往地堅持著自己的目標，他們獲得了豐厚的回報，既有金錢也有榮譽。

堅持不懈地付出努力，是取得成就的不二法寶。

一群年輕人去拜訪蘇格拉底，詢問怎樣才能擁有他那般博大精深的學問和智慧。蘇格拉底沒有正面回答，而是對他們說，你們先回去，每天堅持做 100 個伏地挺身，一個月後再說。這些年輕人都笑了，這還不簡單嗎？一個月後，這些年輕人又一起來到了蘇格拉底面前，蘇格拉底詢問有多少人做到了每天堅持做 100 個伏地挺身，有一大半的年輕人說做到了。好，堅持下去，過一個月再說。這時，只有不到一半的年輕人做到了。一年後，蘇格拉底問大家：「請告訴我，這個簡單的動作，有哪幾位一直做到了？」這時，只有一個人回答說自己做到了，這個人就是柏拉圖，許多年後，他成為了古希臘最著名的哲學家。

13. 想方設法做好工作

成功人士的經驗揭示了這樣一個真理：如果工作時全力以赴，不敷衍了事，不偷懶混日子，即使現在薪水微薄，未來也一定有所獲。那些工作中盡職盡責、堅持不懈的人，終會有獲得晉升的一天，薪水自然會隨之提升。不要擔心自己的努力會被忽視，當你全心全意工作時，相信你的老闆同樣也注意到了。在你擔心該如何多賺一些錢之前，試著想想如何把工作做得更好，這樣一來，你就根本不需要為錢而擔憂了。別絞盡腦汁說服老闆，讓你的老闆接受你加薪的理由。

聰明而睿智的老闆在鼓勵員工時並不會說：「好好做，我會幫你加薪的。」而是說：「好好做吧，將你的全部本領展現出來，有更多的重擔在等著你呢！」伴隨重擔而來的自然是薪水的提升。那些職位低下、薪水微薄的人，忽然間被提升到一個重要的位置上，看起來似乎有些莫名其妙，常常遭受人們的質疑。但實際上，當他們拿著微薄的薪水時，始終沒有放棄努力，始終保持一種盡善盡美的工作態度，滿懷希望和熱情地朝著自己的目標而努力，因而獲得了豐富的經驗，而這些正是他們晉升的真正原因。

好好地奉獻自己的時間和精力，在每一份工作中竭盡所能，你的薪資報酬自然會提升。

14. 運用高效的方法正確做事

「正確地做事」強調的是效率，其結果是讓我們更快地朝目標邁進；「做正確的事」強調的則是效能，其結果是確保我們的工作是在堅實地朝著自己的目標邁進。效率重視的是做一件工作的最好方法。如果我們有了明確的目標，確保自己是在「做正確的事」，接下來要「成事」，就是「方法」的問題了。

有人認為，優秀的員工一定是最忙碌的人，其實，優秀的員工並非是最忙碌的人，他們十分注重工作方法，張弛有度。他們非常清楚自己的生活方向，也善於安排時間、控制節奏，知道自己該在什麼時間做什麼事情。即便是忙，也極有規律。

事實上，最容易的不過忙碌，最難的不過有成效地工作。如今，在資訊龐雜、速度加快的職場環境裡，我們必須在越來越少的時間內，完成越來越多的事情。

運用高效的工作方法是克服無為的忙碌，獲取成就的最佳途徑。

化繁為簡，把複雜的問題簡明化

在每做一件事情之前，應該先問幾個問題：

這項工作是必須做的嗎？是根據習慣而做的嗎？可不可以把這項工作全部省去或者省去一部分呢？

如果必須做這件工作，那麼應該在哪裡做？既然可以邊聽音樂邊輕鬆地完成，還用得著待在辦公桌旁冥思苦想嗎？

什麼時候做這件工作好呢？是否要在效率高的寶貴時間裡做最重要的工作？

這件工作的最好做法是什麼？是抓住主要矛盾使其迎刃而解，收到事半功倍的效果？還是應採取最佳方法而提高效率？

區分先後與輕重，工作秩序條理化

工作秩序條理化是防止忙亂、獲得事半功倍之功效的重要法寶。

（1）保持辦公桌整潔。去掉與目前工作無關的東西，確保你現在所做的工作是此刻最重要的工作，所有的工作項目都在文件中或抽屜裡占有一定的位置，並把相關的東西放到相應的位置上。

（2）懂得有所拒絕。我們不可能將所有的事情都一個人做完，一個人要學會調整自己，要懂得拒絕。有些事情是不足值得為它去拚命，如果不值得，那麼就乾脆放掉它，去做其他更重要的事情。

（3）主動協助主管排定優先順序。也許你常有「手邊的工作都已經做不完了，又丟給我一堆工作，實在是沒道理」的煩惱。你該做的是與主管多溝通，主動地幫助主管排定工作的優先順序，這樣便可大幅減輕工作負擔。

靈活機動，工作方法多樣化

（1）找到最佳方法。原有的工作方法未必就是最好的工作方法。對原用的方法加以認真分析，找出那些不合理的地方，加以改進，使之與實現目標要求相適應。

也可在明確的目的基礎上，提出實現目的的各種設想，從中選擇最佳的手法和方法。

（2）重新排列做事順序。即考慮做工作時採取什麼樣的順序最合理，要善於打破自然的時間順序，採取電影導演的「分切」、「組合」式手法，重新進行排列。

（3）避免重複勞動。如果有兩項或幾項工作，它們既互不相同，又有類似之處，互有關聯，實質上又是服務於同一目的的，就可以把這兩項或幾項工作結合為一，利用其相同或相關的特點，一起研究解決。這樣自然就能夠省去重複勞動的時間。

（4）善於一張一弛。盡可能把不同性質的工作內容互相穿插，避免打疲勞戰，如寫報告需要幾個小時，中間可以找人談談別的事情，讓大腦休息一下;又如上午在辦公室開會，下午到群眾中去搞調查研究。

（5）經常性問題標準化。即用相同的方法來安排那些必須時常進行的工作。比如，記錄時使用通用的記號，這樣一來就簡單了。對於經常性的詢問，事先即可以準備好標準答覆。

15. 把工作做到盡善盡美

如果我們做什麼事，都能做到盡善盡美，那你的發展及進步自然指日可待。

無論你的工作是什麼，你都應該為自己在某種程度上對這份工作的精通而感到自豪。而無法安於和別人一樣，一定要真正做到盡善盡美。

在工作中，事無大小，每做一事總要竭盡心力求其完美，這是成功者的一種標記。凡是有所作為的人，都是那些做事不肯安於「尚可」或「近似」而必求盡善盡美的人。

把自己的工作做到盡善盡美的精神，是一切成功者的特徵。偉大、成功的人們之所以成功、之所以偉大，就在他們勤於鑽研，做事秋毫必察。

第六章
培養對細節的責任心

「天下難事，必作於易；天下大事，必作於細。」可謂「成也細節，敗也細節」。

1. 在細節處要具有責任心

在軍隊中流傳著這樣一句名言：戰場上無小事。這句話同樣適用於企業，適用於企業中的每一位員工，因為，在工作中也沒有小事。一個人小事做不好，工作粗枝大葉，是難以成就一番大事業的。況且芸芸眾生，能做大事的機會實在少之又少，多數人在多數情況是做一些具體的小事、瑣碎的事、單調的事。也許過於平談，也許雞毛蒜皮，但這就是工作。這就是成就大事不可缺少的基礎。

湯姆20歲時進入有「汽車王國」之稱的福特公司工作，剛進入公司時他一直在基層工作，從最基層打雜開始，哪裡雜事他就到哪裡去。經過五年的磨練，他幾乎去過生產汽車的所有部門。在這五年時間當中，他虛心好學，從最小、最雜的事做起。五年後他掌握了整個汽車的裝配過程。經過奮鬥，他開始嶄露頭角，很快就晉升為領班。在這麼大的公司中成為一名領班的確不容易。他成功的法寶就是從小事做起。

如打雜是小事，但湯姆卻能在工作中學到許多平時無法學到的東西，他總是利用做每一件小事的機會去發現問題，總結經驗，從中培養了自己的處事經驗、技術經驗，對公司的各部門有了一定的了解。雖然從事的是打雜的小事，但他從這些小事中成長起來了，已經遠遠超出了一個普通員工。

小事為他以後成大事奠定了扎實的基礎。

因此，對於優秀的員工來說，腦子裡要有兩個概念：第一，「做小事」不是你願意不願意的問題，而是成才過程中不可踰越的一個階段；第二，年輕員工要在「做小事」並「做好小事」的過程中逐步培養「做大事」的能力。

而從企業的角度來說，也不大可能一開始就給每個年輕員工一件「大事」去做。這就是說，「做小事」是「成大器」不可踰越的階段。對每一個具體的工作而言，所謂「大事」可能並不多，更多的是一些具體的小事。養成將一件一件具體事情做好的習慣，正是「成大器」的開端。當你現在所做的每一件小事都能成為將來所要成就的大事的一個分子的時候，「大事」與「小事」將得到統一，「小事」也就成了「大事」。如果連這些具體的小事情都做不好，所謂「成大器」就根本無從談起。

如果一位員工能夠抱著一種積極的心態去對待「做小事」，透過深入實際、刻苦鑽研、尋找規律來不斷豐富自己，從而「做好小事」，你就有了一個良好的開端，成功就可能在不期然間叩響你的房門。還有一點就是，「做小事」容易做出成績，更能展現你的才幹，也更容易使你在一群人中脫穎而出。

另外，即使是「做小事」，也要把小事做透，做細。如果粗枝大葉去做一件小事，那是不可能做好的。將小事做細，就是將小事做到位、做透澈。一件小事中會有無數個細節問題，只有做好每一個細節，才能將事做成功。善於觀察和分析小事中的細節，從細節上做文章，有時會造成意想不到的作用。事情做不到位，事情就不會完；事情做不透，事情會再來。只有將事做到位、做透，才能徹底將事做完。因此，要將小事做好，就要努力把小事做細，讓小事成就大事，細節成就完美。

希爾頓飯店的創始人、世界旅館業大王希爾頓就是一個注重「小事」的人。希爾頓要求他的員工：「萬萬不可把我們心裡的愁雲擺在臉上！無論飯店本身遭到何等的困難，希爾頓服務員臉上的微笑永遠是顧客的陽光。」正是這小小的永遠的微笑，讓希爾頓飯店的身影遍布世界各地。

其實，每個人所做的工作，都是由一件件小事構成的。飯店的服務員每天的工作就是對顧客微笑、回答顧客的提問、打掃房間、整理床單等小事；你每天所做的可能就是接聽電話、整理報表、繪製圖紙之類的小事。我們每天的工作可能就是重複地做一些小事，但是，我們不能對此感到厭倦、懈怠，更不能應付了事，因為這是你的工作，而工作中無小事。要想把每一件事做到完美，就必須付出你的熱情和努力。

「工作之中無小事」展現的是一種負責、敬業的精神，一種誠實的態度，一種完善的執行能力。責任感雖是簡單的，但是無價的。要將責任感植於內心，讓它成為我們腦海中一種強烈的意識，要讓它展現在我們的日常行為和工作中。沒有責任感的工作者，不是優秀的工作者，而一個優秀的工作者，就必須承擔起責任。

2. 責任感展現在細微小事中

一滴水可以折射出整個太陽的光輝，一件小事就可以看出一個人的內心世界。一個人有沒有責任感，並不僅僅是展現在大是大非面前，而是展現在細微的小事中。一個連小事都不願負責的人，又怎能在大事面前勇於擔當呢？

一位人力資源部經理說：「看一個人是否有責任感，不用從什麼大的方面來看，就從那些細微的小事，下意識能做的事情中就可以得到答案。」他的話不無道理。

一家企業正在應徵新員工。來了不少求職者，看起來都精明幹練。眾人一個個進去面試又一個個出來，大家看起來都是胸有成竹。面試只有一道題，就是談談你對責任的理解。對於這樣一個問題，很多人都認為簡單得不能再簡單。

然而結果卻出人意料 —— 沒有一個人被錄取。難道這家企業成心不想招人？

「其實，我們也很遺憾，我們很欣賞各位的才華，你們

對問題的分析也是層層深入，語言簡潔暢達，非常令各位考官滿意。但是，我們這次考試不是一道題，而是兩道，遺憾的是，另外一道你們都沒有回答。」經理說。

大家譁然：「還有一道題？」

「對，還有一道，你們看到了躺在門邊的那個掃帚了嗎？有人從上面跨過去，有人甚至往旁邊踢了一下，但卻沒有一個人把它扶起來。」

「對責任的深刻理解遠不如做一件有責任的小事，後者更能顯現出你的責任感。」經理最後說。

看來這位經理的挑剔很有必要，因為沒有哪一位領導者會對如此沒有責任意識的員工給予深深的信任，沒有多少人可以面臨大是大非的抉擇，也沒有多少人的責任感會有大是大非的考驗，那麼就從小事來看看你的員工吧，看看他是否真的對企業有責任感？這也是考核員工的一個重要方面。

身為一家書店的營業員，你是否能勤擦拭書架上的灰塵？身為一家客運公司的司機，你是否讓你的車時時保持整潔？身為一家商場的服務員，你能否給顧客一個讓他再次光臨的微笑？

事情可能很小，但這也許正是展現你責任感的地方。你做到了嗎？

3. 細節之處見真功

細節之所以重要，在於小的細節往往決定了事物發展的方向，所以，古往今來凡成其事者，必定注重細節。注意細節也是一種工夫，這種工夫是靠好習慣培養出來的。因為人的行為 95%都是受習慣影響的，素養高的人在好習慣中累積功夫，培養出好素養。

習慣由日常生活中一點一滴的細微之處不斷累積形成。從更深刻的意義上講，習慣是人生的基礎，而基礎的水準決定人的發展水準。大量事實證明，一個人養成什麼樣的習慣，常常可以決定一個人事業的成敗。

因此，不管是企業主管還是員工，都應該注意細節。一點小知識也留意，一點瑕疵也不放過的人，必定會在工作中取得好的成績，也會成為一個高素養的人。反之，大而化之則肯定吃虧。

懷特去一家公司應徵行銷經理的職位，公司給的報酬是年薪 8 萬美元，懷特一路闖關，從一百多位應徵者中脫穎而出，最終獲得總裁的召見。

懷特心情很好，他飄飄然地走進總裁辦公室。但恰巧總裁不在，只有一位年輕漂亮的女祕書洋溢著一臉職業性的微笑，對他說：「懷特先生，您好，總裁不在，他讓您打個電話給他。」

懷特於是掏出手機，但就在這時，他發現辦公桌上有兩部辦公電話，就問：「我可以用用嗎？」

「可以。」女祕書依然微笑著。

懷特跟總裁聯絡上了。總裁在那端說：「我看了你的履歷，你的確很優秀，歡迎你加盟本公司。」

懷特聽後十分高興，第一個反應就是要將這個好消息告訴還在國外的女友，與她一起分享。但他剛掏出手機，忽然又看到了公司那兩部電話，他心想：我馬上就可以到公司上班了，用用辦公電話應該沒什麼問題吧？而且，他們是大公司，不會在乎一點電話費的！於是，懷特便拿起一部電話……

幾分鐘後，另一部電話響起。

「對不起，懷特先生，我宣布剛才我的話作廢。因為公司的辦公電話只能是用來辦公的。你沒能通過最後一關，實在抱歉……」總裁在電話裡溫和地對他說。

為人做事不能粗枝大葉，不求實際。否則，這樣的人會被老闆認定為工作不踏實，不細緻，很可能會帶給公司意外的損失。不從細小事情做起，不注意工作和生活中的微小細節，常常會使一個人其他方面的所有努力化為烏有。因此，你要常常把「細節決定一切」掛在嘴邊，不停地告誡自己，並學會掌握細節的方法。

養成把事情做細的習慣

想想你在做事時，很多時候是不是不夠注意細節？不懂得把握生活中的點滴？所以常常無法把事情處理得更穩妥；或者說，把自己變得更為優秀些。其實，如果你注重細節，把每個相關的環節都做好了，做到位了，就一定能在工作中取得較好的成績。細節是一種習慣，一種累積，也是一種眼光；是一種智慧，也是一種長期的準備。只有在工作中有意識地培養和鍛鍊，才能養成這種把事做好、做細的良好習慣，為事業奠定基礎。

做得更有品質

對於接手的工作應該按時保質地完成，已經完成的工作，要做好自我檢查然後再上報。小事做細了，工作效率自然就提高了。很多事，常常是你能做，別人也能做，但做出來的效果差異就展現在細節的功夫上，只有它才決定著最後完成的品質。看不到細節，或者不當回事、工作態度不認真的人，對工作只會敷衍了事；注重細節的人，不僅認真對待工作，將事做細，而且注重在其中找到機會，從而使自己走上成功之路。

比別人做得更好

對待一項工作，注意細節，你就可能比別人做得好；對待一項工作，注意細節，你就可能贏得老闆與眾不同的目光；

一件工作上的小事，注意細節，你就可以避免麻煩，事半功倍。你本應該優秀，那麼，就不要讓細節上的些許失誤導致你的心血和巨大努力化為烏有。再用心些，再努力些，你一定會做得更好！

4. 細節之處見精神

公司要想發展壯大，對於細節必須精益求精。微軟公司之所以會投入幾十億美元來改進開發每一個新版本，就是要確保每一個細節都不出現紕漏，不給競爭者以可乘之機。對於細節的注意，使得微軟的產品幾近完美，從而確定了其在競爭中的優勢地位。

迪士尼公司為觀眾和客人提供的優質服務，使遊客在離開迪士尼樂園以後仍然可以感受得到。迪士尼的一項調查發現，平均每天大約有兩萬遊客將車鑰匙反鎖在車裡。於是迪士尼公司僱用了大量的巡邏員，專門在公園的停車場幫助那些將鑰匙鎖在車裡的遊客開啟車門。這一切，無須打電話給鎖匠，無須等候，也不用付費。這一頗重細節的服務為迪士尼公司帶來了更多的顧客。

對於一個員工來說，注重細節其實就是一種工作態度。看不到細節，或者不把細節當回事的人，必然是對工作缺乏認真的態度，對事情只能是敷衍了事。這種人無法把工作當做一種樂趣，而只是當做一種不得不受的苦役，因而在工作中缺乏熱情。而優秀員工與平庸者之間的最大區別就在於，前者注重細節，而後者則忽視細節。

有一名青年，在美國某石油公司工作。他的學歷不高，也沒有什麼特別的技術。他在公司做的工作，連小孩子都能勝任，這就是巡視並確認石油罐蓋有沒有焊接好。

當石油罐在輸送帶上移動至旋轉臺上時，焊接劑便自動滴下，沿著蓋子迴轉一圈，作業就算結束。他每天如此，反覆好幾百次地注視著這種作業。沒幾天，他便開始對這項工作厭煩了，他很想改行，但又找不到其他工作。他想，要使這項工作有所突破，就必須自己找些事做。因此，他便集中精神注意觀察這項焊接工作。

他發現罐子每旋轉一次，焊接劑滴落 39 滴，焊接工作便結束。他努力思考：在這一連串的工作中，有沒有什麼可以改善的地方呢？

一次，他突然想到：如果能將焊接劑減少一兩滴，是不是能夠節省成本呢？於是，他經過一番研究，終於研製出「37 滴型」焊接機。但是，利用這種機器焊接出來的石油罐，偶爾會漏油，並不實用。他並不灰心，又研製出「38 滴型」焊接機。這次的發明非常完美，公司對他的評價很高。不久便生產出這種機器，改用新的焊接方式。

雖然節省的只是一滴焊接劑，但這「一滴」積少成多，每年能替公司帶來5億美元的新利潤。這名青年，就是後來掌握全美煉油業95%實權的石油大王——洛克斐勒（John Davison Rockefeller）。

「改良焊接劑」改變了洛克斐勒的人生。他成功的關鍵就在於：普通人工作時往往會忽略的平凡小事，他卻特別注意。每個人所做的工作，都是由一件件小事構成的，但不能因此而對工作中的小事敷衍應付或輕視懈怠。記住，工作中無小事。所有的成功者，他們與我們都做著同樣簡單的小事，唯一的區別就是，他們從不認為他們所做的事是簡單的小事。所以說，小事成就大事，細節成就完美。

我們要記住，工作中無小事，細微之處見精神，將處理瑣碎的小事當做是一種經驗的累積，當做是一展宏圖的準備，所謂「不積跬步，無以致千里。不積小流，無以成江海」。

成功就是一個不斷累積的過程。對待工作，我們應始終保持高度的注意力和責任心，始終具有清楚的頭腦和敏銳的判斷力，對每一種變化、每一件小事都能迅速做出準確的反應和決斷，具備一種鍥而不捨的精神，一種堅持到底的信念，一種腳踏實地的務實態度。

5. 細節就是工作態度的問題

細節就是一種態度，也是一種和企業文化、企業價值觀保持一致的並且有生產力的行為。所以，從這點上來講，細節並非是為了細節而細節。

我們大多數的企業，對細節的理解還停留在「制度的完善」、「報表的完善」上，但那只是表面文章。現今沒有報表的企業其實已經不多了，但是執行得好的恐怕就不是很多。細節如果不是由企業的價值觀衍生出來的，這種細節恐怕就是無效的。

細節在企業管理中，其實就是工作態度的問題。沒有一種企業文化是強調「注意細節」的，那種口號是空虛並且可笑的。細節就是在每一件事情上嚴格按照企業的價值觀去做事情。這就是一種企業的核心價值。

細節決定企業的成敗，而態度是能否發現細節、注意細節的關鍵。有著嚴謹的工作態度，那麼種種的細節問題則不會被忽視。一個發生在美國通用汽車的客戶與該公司客服部間的故事會給我們帶來很好的啟示。

有一天，美國通用汽車公司的客戶服務部門收到一封客戶抱怨信，上面是這樣寫的：

「這是我為了同一件事第二次寫信給你們，我不會怪你們為什麼沒有回信給我，因為我也覺得我這樣做，別人肯定

會認為我瘋了，但這的確是一個事實。

我們家有一個傳統的習慣，就是我們每天在吃完晚餐後，都會以冰淇淋來當做我們的飯後甜點。由於冰淇淋的口味很多，所以我們家每天在飯後才投票決定要吃哪一種口味，等大家決定後我就會開車去買。

但自從最近我買了一部新的龐帝克後，在我去買冰淇淋的這段路程問題就發生了。

你知道嗎？每當我買的冰淇淋是香草口味時，我從店裡出來時車子就發不動。但如果我買的是其他的口味，車子發動就順得很。我要讓你知道，我對這件事情是非常認真的，儘管這個問題聽起來很愚蠢。為什麼這部龐帝克在我買了香草冰淇淋後就發不動，而我不管什麼時候買其他口味的冰淇淋，它就生龍活虎？為什麼？我想知道為什麼？」

事實上，龐帝克的總經理對這封信還真的是心存懷疑，但是作為服務的責任，他還是派了一位工程師去檢視究竟。當工程師找到這位客戶的時候，很驚訝的發現這封信是出自於一位事業成功、樂觀且受了高等教育的人。

工程師安排與這位客戶的見面時間剛好是在用完晚餐的時間，兩人於是一個箭步躍上車，往冰淇淋店開去。那個晚上投票結果是香草口味，當買好香草冰淇淋回到車上後，車子又發不動了。

這位工程師之後又依約來了三個晚上。第一晚，巧克力冰淇淋，車子沒事。第二晚，薄荷冰淇淋，車子也沒事。第三晚，香草冰淇淋，車子發不動。

這位思考有邏輯的工程師，到目前還是不相信這位客戶的車子對香草過敏。他把這個情況如實的匯報給公司總經理，公司總經理也百思不得其解，想不出解決的辦法。怎麼辦呢？

這位工程師，仍然不放棄繼續安排相同的行程，希望能夠將這個問題解決。他開始記下從頭到現在所發生的種種詳細資料，如時間、車子使用油的種類、車子開出及開回的時間，根據資料顯示他有了一個結論，因為這位仁兄買香草冰淇淋所花的時間比其他口味的要少。

為什麼呢？原因是出在這家冰淇淋店的內部設定的問題。因為，香草冰淇淋是所有冰淇淋口味中最暢銷的口味，店家為了讓顧客每次都能很快的取拿，將香草口味特別分開陳列在單獨的冰箱，並將冰箱放置在店的前端，至於其他口味則放置在距離收銀臺較遠的後端。

現在，工程師所要知道的疑問是，為什麼這部車會因為從熄火到重新啟用的時間較短時就會發不動？原因很清楚，絕對不是因為香草冰淇淋的關係，工程師很快地由心中浮現出答案應該是「蒸汽鎖」。因為當這位客戶買其他口味時，由於時間較久，引擎有足夠的時間散熱，重新發動時就沒有太大的問題。但是買香草口味時，由於花的時間較短，引擎太熱以至於還無法讓「蒸汽鎖」有足夠的散熱時間。

在這個故事中，購買香草冰淇淋有錯嗎？但購買香草冰淇淋確實和汽車故障存在著邏輯關係。問題的癥結點在一個小小的「蒸汽鎖」上，這是一個很小的細節，而且這個細節被細心的工程師所發現。這裡有一正一反兩方面的教訓，一方面，廠家在「蒸汽鎖」這個細節沒有注意，導致了產品出現這種奇怪的故障；另一方面，龐帝雅克的工程師同樣因為注重細節，謹慎小心分析，最後終於找出了出現故障的原因。

這一正一反兩個方面的教訓，都揭示了這樣一個事實：細節的問題實際上是態度的問題。具有嚴謹工作態度的人，不但能夠發現細節、解決細節還能夠做好細節，在細節上致勝。

6. 從小事做起

年輕人容易好高騖遠，不屑於做日常工作中的瑣事。其實主管考察你，正是從小事開始的。所以無論主管交給你的事多麼零散，或者根本不是你分內的事，你都要及時地、充滿熱情地處理好，即使主管不再追問，也不可不了了之，一定要給主管一個答覆。只有這樣才能逐漸得到主管的信任和肯定，才會有「做大事」的希望。從小事做起，不以事小而不為。

一個人怎樣才能認識自己呢？答案絕不是思考，而是實踐。盡力去履行你自己的職責，你就會知道你的價值。

很多人渴望發現自己的價值、渴望成功，卻總是在苦思冥想，而不是從簡單的小事做起，這樣就失去了很多展示自己價值的機會和走向成功的契機。

我們要從小事做起，認真地做好每一件事。道理很簡單，機遇總是突然地、不知不覺地出現，如果你不認真地做好每一件事，你也就不會發現其中存在的機遇。

有人說主動承擔打掃環境、整理辦公室、燒開水等具體瑣事，是大學畢業生走上職位的第一課、必修課，其實這不無道理。往往就是這類看似不起眼的日常小事給人留下的印象最深。

通常，主管之所以不放手讓你單獨做大事，是因為他還無法肯定你是否具備這樣的實力。有時候，一些精明的主管在提拔你之前往往會用幾件小事來考察你的工作作風、辦事能力，以及是否有眼光。

人生無小事。每做一件事情實際上就是對自身素養、品行、學識進行的一次修練，千萬不要因為事小或者低微就鄙視它，放棄將使你失去一次修練的機會，也減少了一次進步的可能。

智者從不忌諱說自己是在做一些小事情，恰恰相反，他們都樂意做一些小事情。因為他們知道，成功就是從小事開始的！

志當存高遠。一個人要成就一番大的事業必須要有鴻鵠之志。這樣，我們可以飛得更高、更遠。但是我們一定要知道，在飛行之前必須要打好飛翔的基礎。我們只有在平時注意累積，才可以在以後的日子裡飛得穩健。

在我們的生活中，有這樣一些人，他們為人高調，對自己有自信，但這些人有一個通病：大事做不了，小事又不願做。

不管是個人的飛黃騰達，還是一個企業的如日中天，都源於這些平凡人的不斷地累積。公司真正需要的不光是那些有過硬的專業技術的人，還需要那些能夠與公司一起成長的人，需要那些能夠在平凡中不斷成長的人。

那些在平凡的工作中做得很好的人，才可以真正在以後的工作中發揮實力。他們在以後的工作中也就能夠以一顆平常心去對待其他的任何事情。也只有在我們認真地去對待每一件事情的時候，才可能發現人生之路越來越廣，成功的機遇也會接踵而來。

在這個世界上，能夠成就一番大事業的人又有多少呢？大多數的人都注定是平凡的，這就需要我們以一顆平常心去對待我們面對的每一天、每一件事。

但是往往有些人對這些小事情不屑一顧。而實際上，小事情也往往蘊涵著巨大的機會，小企業也可以賺大錢；從小的方面著手，也可以成就一番大事業。

美國國務卿科林·鮑爾（Colin Powell）就是一個很好的事例。由於他自己不斷地努力，重視身邊的每一件小事，對每一件小事都賦予百分之百的工作熱情，他才由一個清潔工成長為國務卿。他當初進公司的時候，只有一件事情他可以做——做清潔。就是這樣一份不被大家所看重的工作，他卻做得有板有眼，而且在工作中總結經驗。他發現有一種拖地板的姿勢，可以把地板拖得又快又好，而且工作起來還不是很累。鮑爾的表現被細心的老闆看到了，透過一段時間的觀察之後，老闆斷定他是一個人才，於是破例提升了他。

很多年後，當鮑爾寫自己的回憶錄的時候，他還記得自己所累積的第一個人生經驗：從小事做起。

7. 對小事也要負責

企業員工做事若半途而廢，敷衍塞責，常常會使自己陷入無盡的痛楚中。因為在一些小事上疏忽大意，不加重視，往往會失去大好的發展機遇。

當王先生還在一家公司做行銷企劃時，一位朋友找他，說他們公司想做一個小規模的市場調查。朋友說，這個市場調查很簡單，他自己再找兩個人就完全能做，希望王先生出面把業務接下來，他去運作，最後的市場調查報告由王先生把關，當然了，會給他一筆費用。

這確是一筆很小的業務，沒什麼大的問題。市場調查報告出來後王先生也很明顯地看出其中的水分，他只是做了些文字加工和改動，就把它交了上去。於他而言，這件事就這樣過去了。

之後的某一天，幾位朋友拉王先生組成一個專案小組，一塊去完成A市新開業的一家大型購物中心的整體行銷方案。不料，對方的業務主管明確提出對王先生的印象不好，原來此位主管正是之前那項市場調查專案的委託人。

因果輪迴，王先生目瞪口呆，也無從解釋些什麼。

這件事給了王先生極大的刺激，他返回頭來看，認為當時拿的那點錢根本就不值一提，但為了這點錢，他竟給自己造成如此之大的負面影響！

像王先生一樣，許多時候，我們會不經心地處理、打發掉一些自認為不重要的事情或人物。但這種隨意不負責，不敬業或者是不道德的行為會造成一些很不好的影響或後果，在你以後的人生道路上，不一定在什麼時候，突然顯現出來，令你對當年的行為追悔不已。

總統競選也是一個很好的例子。每個候選人參選前必須把自己的經歷全部在天平上過一遍，任何一點的虧缺就會讓你為之付出代價，儘管那可能只是早被你忘掉的數十年前的一件小事。一個人的名譽、能力要想得到社會大眾長久的認同，必須持續地在每一件事上都為自己負責。

在工作上、事業中，沒有可以隨意打發糊弄的小人物、小事情，種下什麼種子，將來必定收穫什麼樣的果子。所以，即使是對工作中的小事，也要認真負責。

8. 在細節中可以創新

創新是一個永遠不老的話題，創新並不是少數幾個天才者的專利，每個人都能創新。在細節中創新，就是要敏銳地發現人們沒有注意到或未重視的某個領域中的空白、冷門或薄弱環節，改變思維定式，最終將你帶入一個全新的境界。

在一個世界級的牙膏公司裡，總裁目光炯炯地盯著會議桌邊所有的業務主管。

為了使目前已近飽和的牙膏銷售量能夠再加速成長，總裁不惜重金懸賞，只要能提出足以令銷售量成長的具體方案，該名業務主管便可獲得高達 10 萬美元的獎金。

所有業務主管無不絞盡腦汁，在會議桌上提出各式各樣的點子，諸如加強廣告、更改包裝、鋪設更多銷售據點，甚至於攻擊對手等等，幾乎到了無所不用的地步。而這些陸續提出來的方案，顯然不為總裁所欣賞和採納。所以總裁冷峻的目光，仍是緊緊盯著與會的業務主管，使得每個人皆覺得自己猶如熱鍋上的螞蟻一般。

在會議凝重的氣氛當中，一位進到會議室為眾人加咖啡的新加盟公司的小姐無意間聽到討論的議題，不由得放下手中的咖啡壺，在大家沉思更佳方案的肅穆中，怯生生地問道：「我可以提出我的看法嗎？」

總裁瞪了她一眼，沒好氣道地：「可以，不過妳得保證妳所說的，能令我產生興趣，否則妳隨時準備走人。」

這位女孩輕巧地笑了笑：「我想，每個人在起床趕著上班時，匆忙擠出的牙膏，長度早已固定成為習慣。所以，只要我們將牙膏管的出口再加大一點，大約比原口徑多40%，擠出來的牙膏重量，就多了一倍。這樣，原本每個月只用一條牙膏的家庭，是否有可能會多用一條呢？諸位不妨算算看。」

總裁細想了一會，率先鼓掌，會議室中立刻響起一片喝采聲，那位小姐也因此而獲得了獎賞。

廖先生也是一個在細節中求創新的人。廖先生在工廠勞動時經常看到，由於大部分零件的精密度都非常高，為了防止零件生鏽，工人們都必須戴手套進行操作，而且手套必須套得很緊，手指頭也要能靈活自如，這樣一來，戴上脫下相當麻煩不說，手套還很容易弄壞。

為此，他常想，難道只能戴這樣的手套嗎？能不能改進一下？

有一天，他在幫妹妹製作紙的手工藝品時，手指上沾滿了糨糊。糨糊快乾的時候，變成了一層透明的薄膜，緊緊地裹在手指頭上，他當時就想：「真像個指頭套，要是廠裡的橡皮手套也這樣方便就好了！」

過了不久，有一天清早醒來，他躺在床上，眼睛呆呆地望著天花板，頭腦裡突然想到：可以設法製成糨糊一樣的液體，手往這種液體裡一放，一雙又柔又軟的手套便戴好了，不需要時，手往另一種液體裡一浸，手套便消失了，這不比橡皮手套方便多了嗎？

他將自己的這一大膽想法向公司做了匯報，公司主管非常重視，馬上成立了一個研究小組，把廖先生也從生產工廠調到了這個組裡。經過大家反覆研究，終於發明了這種「液體手套」。使用這種手套只需將手浸入一種化學藥液中，手就被一層透明的薄膜罩住，像真的戴上了一雙手套，而且非常柔軟舒適，還有彈性。不需要時，把手放進水裡一泡，手套便「冰消瓦解」了。廖先生在細節中求創新的行為終於得到了應有的回報。

在細節中求創新，就要求你特別注意生活中的細節問題，在工作中摳細節。也許某個不經意的舉動，就可以使你靈光一現，你便會有所突破並進而前途無量了。

9. 用點子改進細節

有位管理學家在他的新書中寫道：「很多中小型企業都有突破、創新乃至一鳴驚人的夢想，但如果你真的想讓新點子為公司帶來切切實實的效益，那麼，就應該將那些野心勃勃、好高騖遠的計畫扔到垃圾堆裡。」他對全球 17 個國家 150 家企業進行的研究顯示：中小型企業最需要的或許不是宏大的計畫和別出心裁的創意，而是那些永遠能使公司在各個環節日趨完善的具體措施。一些看來微不足道的點子，尤其是那些能對公司運作體制進行「微調」的點子，才是中小型企業立於不敗之地的關鍵。

從競爭角度看，照搬大公司的管理經驗固然容易，但千篇一律的模式根本無法顯示出企業的獨特優勢，只有著重在細節上動腦筋，才能於細微處見真章。不僅如此，由於每家公司的情況不同。這些細節上的改進，競爭對手一般也很難模仿。

更重要的是，這種改進細節的點子，往往會帶來連鎖效應，其影響將波及公司運作的各個層面。

萊斯利·費雪賓在美國開了一家連鎖家具店。有一天，他無意中在電視上看到一則彩色螢幕照相手機的廣告，費雪賓突然冒出一個靈感：為什麼不把公司送貨司機的手機全部換成彩色螢幕照相手機呢？這樣，司機到達目的地卸貨完畢，就可以立即在現場拍照，證明他們在搬運家具過程中沒有損壞客戶的牆壁和地板。

即使他們出包，也可以透過手機拍攝損壞程度，以便公司評估賠償金額，並留存證據。

費雪賓很清楚地知道，這根本算不上什麼驚天動地的發明，但對於像他們這樣的中小型企業來說，正是這些日積月累、瞄準細節的改進，才是使公司不斷完善的關鍵因素。

費雪賓辦公桌上總放著一個記事本，只要靈感閃現，或者員工提出什麼建議，他就立即記錄下來，然後再決定是否實施這些改進措施。十年後，費雪賓的記事本上已記錄了超過 1 萬條類似這樣的點子。而多年來的實踐證明，其中最有價值的點子，往往是那些初看上去十分簡單、有時甚至是許多人不屑一顧的建議。

費雪賓當初只想到讓照相手機記錄家具在送貨過程中的損壞情況，但公司員工在實踐當中又發現了許多其他功能。比如在搬運過程中碰到走廊或樓梯狹窄，家具很難搬進房間，以往在這種情況下，公司運輸部門的負責人必須親臨現場解決難題，而現在，送貨工人只需用手機拍攝現場地形，傳送給公司運輸部，公司就會在幾分鐘內確定解決方案。此外，如果員工發現家具在送貨前就已經存在損壞情況，他們也會用照相手機拍攝相關畫面，並通知製造商立即更換。更妙的是，送貨工人等家具擺放完畢，還會用手機拍攝一張房間全景照片，如果客廳裡還沒有沙發或臺燈，公司的業務員就會在最短時間裡與這名潛在的客戶進行聯絡。

在很多情況下，小點子積少成多，還能為公司營運帶來根本上的進步。羅賓遜和施羅德在考察一家美國紡織品企業設在丹麥的工廠時發現，雖然這家工廠使用的紡織機械和全球其他地方沒什麼兩樣，但其工作效率卻是其他公司的三到四倍，而且同樣的機器還能生產不同的布料，就連這些紡織機械的供貨商也感到不可思議。奇蹟是如何誕生的？說起來也很簡單，無非是在機器的某個部位安裝一個閥門，或者隨時改變機器運作的壓力，再在運送原料的流程中下點工夫，相同的機器就產生出非同尋常的效益。

顯然，整天坐在辦公室裡的老闆不可能想到這些點子，他必須鼓勵第一線的員工發揮聰明才智。不少中小企業的管理者只崇拜像奇異前執行長傑克·威爾許（Jack Welch）這樣的經營奇才，但事實上，你的企業可能並不需要威爾許這樣的策略家——他不會想到用照相手機推銷家具，更不懂得如何在織布機上裝閥門，而你的員工卻往往會在這些細小的環節給你帶來驚喜。

不過，如何鼓勵乃至獎勵手下員工貢獻「金點子」呢？美國一家印刷廠採用一名員工的建議，將書籍的開本減少 1 英寸，結果每年光節省的郵費和紙張費用就高達 50 萬美元。按照規定，這名員工可以從第一年節省的費用中提成 5%到

25%。然而，這種花錢買點子的主意，雖然乍看之下名正言順，但事實上卻糟糕透頂。因為據統計，獎勵金額和點子數量並不成正比。而且勞資雙方經常因為利潤成長的幅度鬧得不歡而散，有的甚至還打起了官司。毫無疑問，這種結局反而會挫傷員工的積極性。

那麼，身為一名聰明的企業管理者，如何免費獲得這些珍貴的點子呢？其實，你根本不必擔心因為沒有獎勵就無法激發員工的創造靈感，他們當中的大部分人會在公司運作過程中，不由自主地提出一些合理化建議，「只要你學會傾聽，而不是關在辦公室裡冥思苦想，就能輕而易舉地獲取這些免費的點子」。

10. 在細節處把工作做好

麥當勞的創始人克洛克（Ray Kroc）說：「我強調細節的重要性。如果你想經營出色，就必須使每一項最基本的工作都做得盡善盡美。」

人與人之間的差別，往往就在一些細小的事情上，並且正是因為這些細小事情的差別，決定了不同的人具有不同的命運。

有 3 個人去一家公司應徵採購主管。他們當中一人是某

知名管理學院畢業的，一名畢業於某商學院，而第三名則是一家私立大學的畢業生。在很多人看來，這次應徵的結果是很容易判斷的，然而事情卻恰巧相反。應徵者經過一番測試後，留下的卻是那個私立大學的畢業生。

在整個應徵過程中，他們經過一次次測試後在專業知識與經驗上各有千秋，難分伯仲，隨後這家公司的總經理親自面試，他提出了這樣一道問題，題目為：

假定公司派你到某工廠採購 4,999 個信封，你需要從公司帶去多少錢？

幾分鐘後，應試者都交了答卷。第一名應徵者的答案是 430 元。

總經理問：「你是怎麼計算的呢？」

「就當採購 5,000 個信封計算，可能是要 400 元，其他雜費就 30 元吧！」答者對應如流。但總經理卻未置可否。第二名應徵者的答案是 415 元。

對此他解釋道：「假設 5,000 個信封，大概需要 400 元左右。另外可能需用 15 元。」

總經理對此答案同樣沒有發表看法。但當他拿起第三個人的答卷，見上面寫的答案是 419.42 元時，不覺有些驚異，立即問：「你能解釋一下你的答案嗎？」

「當然可以，」那名私立大學的畢業生自信地回答道，「信封每個 8 分錢，4999 個是 399.92 元。從公司到某工廠，乘汽車來回票價 10 元。午餐費 5 元。從工廠到汽車站有一里半路，請一輛三輪車搬運信封，需用 3.5 元。因此，最後總費用為 419.42 元。」

總經理不覺露出了會心一笑，收起他們的試卷，說：「好吧，今天到此為止，明天你們等通知。」

等到錄取通知書的是那個私立大學的畢業生。

做大事不拘小節，固然是一種處事態度，但這往往也是一種很危險的做法，不拘小節而誤大事的事例不勝列舉。無論是在工作還是生活中，做事認真仔細，才能把事做得盡善盡美。惠普公司的創始人戴維．帕卡德（David Packard）說：「小事成就大事，細節成就完美。」

11. 從細節中取勝

天下大事必作於細。沒有細節工夫的累積就不會有顯赫的大事。英國有首歌謠，用一種誇張的手法反映了忽略細節所帶來的致命傷害：「因為一個馬釘，損失一個馬蹄；因為一個馬蹄，損失一匹戰馬；因為一批戰馬，損失一名戰士；因為一名戰士，損失一場戰爭……」

注重細節往往能夠促成大事。人與人之間在智力和體力上的差異並不是想像中的那麼大。很多小事，你能做，別人

也能做，只是做出來的效果不一樣。往往是一些細節上的工夫，決定著事情完成的品質。

看不到細節，或者不把細節當回事的人，對工作缺乏認真的態度，對事情只能是敷衍了事。這種人無法把工作當做一種樂趣，而只是當做一種不得不受的苦役，因而在工作中缺乏工作熱情。他們只能永遠做別人分配給他們做的工作，甚至即便這樣也無法把事情做好。而考慮到細節、注重細節的人，不僅認真對待工作，將小事做好，而且注重在做事的細節中找到機會，從而使自己走上成功之路。

有一個叫莫克的 18 歲少年，他剛從菲利普斯學院畢業，是一名新英格蘭窮牧師的兒子，這時他正處在畢生事業的起步階段。當時，莫克還是一個辦公室的打雜人員，是替一位叫伯蘭克的經紀人做些雜務性工作，一星期賺 1.5 英鎊工錢。他的老闆看他是個勤快可愛的少年，便給了他一個去銷售鐵路債券的機會。

於是，少年便尋找機會與紐約銀行行長摩西．泰勒搭腔，希望能賣一些公債給他。他知道這位行長對這條鐵路非常感興趣。

那麼他是怎樣把這些債券賣給那位行長的呢？

莫克自己這樣記載道：「當我走到他的辦公桌前時，他正對一個喋喋不休的人不耐煩地說道：『講到正題上來，講到正題上來。』過了一會，他搖著頭把那人趕了出去。接下來，他向我點了點頭，示意我過去。我走過去把債券放到他的桌子上，說道：『97。』泰勒先生很奇怪地看了我一會，然後把他的支票簿拿了過去，問道：『寫誰的名字？』『伯蘭克先生！』簽好了支票後，他又問道：『伯蘭克先生給你多少回扣？』『0.25%。』『這太少了，讓他給你1%的回扣，如果他不照這個數目付給你，就由我來代他付』。」

莫克就這樣成功地賣掉了他的債券，而比這更為重要的收穫是，他同時得到了那個行長的注意，為贏得與這位重要人物的友誼奠定了堅實的基礎。

莫克正是憑藉其敏銳的眼光，看出了這位偉人的銀行家有一副很細微、有時脾氣卻很急躁的性格：泰勒喜歡簡潔語言，對繁文縟節異常反感。所以，後來莫克與泰勒交涉時，就完全以極為簡潔的談話打動他，絕不說絲毫的廢話。這果然很合泰勒的脾氣。他後來還繼續向這個年輕人購買債券，並在許多別的事情上給予了他幫助。

莫克30歲時成為了一名百萬富翁。

莫克的成功，在於他很早就已懂得了「從細節中取勝」這一策略的重要性。當然，這種洞察人心的工夫不是一朝一夕能夠練就的，需要長期的累積，在注重對細節的觀察中不斷地訓練和進步。成功者的共同特點就是能做小事情，能夠抓住生活中的一些細節。不論什麼事，實際上都是由一些細節組成的。

在日常生活中，培養注重細節的為人處事風格也會給你的事業發展奠定良好的基礎。

芒西原來只是一家小報社的記者，但他後來卻升遷到了《紐約太陽報》（*The New York Sun*）出版人的高位上，成為當時美國媒體界卓越的領袖。

芒西去世前不久，他的老同事歐爾曼．林區為他寫了一本傳記，書中有一個頗具啟發性的故事。它可以讓我們了解到芒西為什麼能成為一名業界領袖。

林區這樣寫道：「大約在 25 年前，我的右耳就失去了聽覺。從此以後，當我們兩個在一起的時候，這位老闆每次都站在我的左邊。無論是在他的房間裡，抑或是在他的辦公室裡、汽車裡、大街上、用餐時……無論什麼時候，他總是會站在一個不使我感到自己是個身障者的位置上。而且，在他做這樣的舉動時，顯得那樣自然、隨意，簡直沒有一個人能注意到他是故意這樣做的。這真讓人感到驚訝……可以說，他真是一個設身處地替朋友著想的大好人。」

從這件小事上，我們可以看到，像一切有成就的人一樣，芒西也是常常在小事情上留心著別人的需求。

這種對於細節的注意，我們稱為機敏、殷勤或者體貼。一切有成就的人，都知道怎樣靠這種用心良苦的「小動作」去獲得人們的信仰及擁戴。

12. 讓細節帶來成功機會

細節總容易被人所忽視，所以細節往往最能反映一個人的真實狀態，也最能表現一個人的修養。正是因為如此，透過小事看人，已經成為衡量、評價一個人的重要方式之一。

細節的成功，看似偶然，實則孕育著成功的必然。細節不是孤立存在的，就像浪花顯示了大海的美麗，但必須依託於大海才能存在一樣。

一個青年來到市區求職，不久因為工作勤奮，老闆將一個小公司交給他管理。他將這個小公司管理得井井有條，業績直線上升。有一個外商聽說之後，想和他洽談一個合作專案。當談判結束後，他邀請外商共進晚餐。晚餐很簡單，幾個盤子都吃得乾乾淨淨，只剩下兩顆小籠包。他對服務小姐說，請把這兩顆包子裝進食品袋裡，我帶走。外商當即站起來表示明天就與他簽合約。

因將吃剩下的兩顆小籠包帶走避免浪費這樣極其平凡的小事感動了外商，使外商順利地與他簽訂了合約，由此我們可以看出注重小事的重要性。

有一個相貌平平的女孩，在一所極普通的學校讀書，成績也很一般。她得知媽媽患了不治之症後，想減輕一點家裡的負擔，希望利用暑假的時間賺一點錢。她到一家外企去應徵，韓國經理看了她的履歷，沒有表情地拒絕了。女孩收回自己的資料，用手掌撐了一下椅子站起來，她覺得手被紮了一下，看了看手掌，上面沁出了一顆紅紅的小血珠，原來椅子上有一顆釘子露出了頭。她見桌子上有一個菸灰缸，於是拿起它將釘子敲平，然後轉身離去。幾分鐘後，韓國經理卻派人將她追了回來，她被聘用了。

在一件很細小的、與自己無關的事情上也能展現出對別人體貼和關心的人，她能獲得成功是無可置疑的。成功的機會隱藏在細節之中。當然，你做好了這些細節，未必能夠遇到如此平步青雲的機會；但如果你不做，你就永遠也不會有這樣的機會。

13. 注意細節，產生效益

在工作中，人們總是會忽略一些小事情，正是因為忽略了這些小事情，往往卻造成了大難題，常常會給人們帶來大麻煩。一些聰明人善於從小事情做起，注重細節，從而使區域性得到很大的，有時是徹底的改觀。

眾所周知，日本尼西奇股份公司是與松下電器、豐田汽車一樣聞名世界的日本企業。但不管你相信與否，日本尼西奇股份公司是靠著尿墊、尿布發展起來的，並獲得了世界「尿布大王」的稱譽。

尼西奇股份公司在 1940 年代末期，僅是個生產雨衣、防雨斗篷、游泳帽、月經帶、尿布等橡膠製品的綜合性小企業，員工只有三十多個人，訂貨不足，經營不穩，隨時都有破產的危險。一次，他們從日本政府發表的人口普查資料中得到啟發：日本每年大約有 250 萬個嬰兒出生，他們由此想到，嬰兒出生，尿布是不可缺少的，如果每個嬰兒用兩條，全國一年就需要 500 萬條，這是一個多麼廣闊的市場啊！像尿布這樣的小商品，大企業根本不屑一顧，而小企業的人力、物力和技術儘管有限，如果能獨闢途徑，必定有所作為。

商品不在於大小，只要市場上需要，同樣能成為暢銷貨，做成大生意。基於這樣的考慮，尼西奇公司當即做出決策：專門生產小孩尿墊。

為了增強尼西奇尿墊的競爭實力，尼西奇公司不斷地創新，對產品精益求精，以擴大銷售市場。尼西奇尿墊經歷了 3 代。第一代產品與前幾年市場上供應的嬰兒尿布差不多，用一層布料做成，適應性差；第二代產品在外觀上作了一些改進，除了一層布料的尿布外，還將外面一層做成一條小短褲，有鬆緊帶，有尺寸，還可以從顏色上分辨男女；第三代產品把尿布改為 3 層，最裡層是棉、毛、尼龍的混合織物，外層是一條漂亮的小短褲，從而解決了吸水、透氣問題。如今，這種尿布已經發展到近百個品種。為了改進產品，他們

十分注重博採眾家之長。1979 年，尼西奇公司的一位前總經理隨團訪中，每到一處，不是先去遊覽名勝古蹟和選購古董藝術品，而是四處尋找尿墊。在短暫的旅行期間，他竟然奇蹟般地收集了十幾種尿墊。有一種利用邊角料拼接的尿墊，他們發現後立即仿效，在設計時利用邊角料，既增加了美感，又節省了原料，降低了成本，深受消費者的歡迎。

為了提升產品品質，尼西奇公司組成一個二十多名專職人員的開發中心，利用各種先進技術對尿墊進行資料測試，從中選擇最佳材料和設計。以往的尿墊都是用普通縫紉機縫製，考慮到嬰兒皮膚太嬌嫩，現在一律用超音波縫紉機加工，使接合處平平整整，深得年輕媽媽的歡心。

其實像尿布這種日用品，哪一個人不會做呢？但就是很少有人像尼西奇公司一樣把它當做一項產業來做，自然也就不可能獲得像尼西奇那樣的財富。這種小產品做出大生意的例子比比皆是，關鍵是我們很多人沒有意識到這一點，更沒有意識地去利用這一點。

25 美分一個漢堡，再加上 20 美分一個冰淇淋，一碟炸薯條，幾片酸黃瓜。麥當勞如此小本生意，竟然每年營業額高達 100 億美元，不能不說是一個奇蹟。對此，克洛克說了一句再簡單不過的話：「我只是認真對待漢堡生意。」

每個人都要用搞藝術的態度來開展工作，要把自己所做的工作看成一件藝術品，對自己的工作精雕細刻。只有這樣，你的工作才能成為一件優秀的藝術品，也才能經得起人們細心地觀賞和品味。細節展現藝術，也只有細節的表現力最強。

14. 重視細節中的蝴蝶效應

何謂蝴蝶效應？一隻蝴蝶在巴西搧動翅膀，有可能在美國的德州引起一場龍捲風。以此比喻長時期大範圍的天氣預報往往因一點點微小的因素造成難以預測的嚴重後果。微小的偏差是難以避免的，從而使長期天氣預報具有不可預測性或不準確性。這如同打撞球、下棋及其他人類活動，往往「差之毫釐，失之千里」、「一著不慎，滿盤皆輸」。

當我們關注蝴蝶效應時，不禁會想起一個人的命運。一個微不足道的動作，或許就會改變人的一生，這絕不是誇大其詞，蝴蝶效應確實使我們有可能因為一個細節而成功或者失敗。究竟是什麼因素左右了我們的未來？是不是每個人生命中都有類似這樣的「蝴蝶效應」？

至少在企業中工作的員工每天都在受到蝴蝶效應的影響。一個員工做事的方式和結果雖然很多時候看似偶然，但實際上，如果你仔細想想，就會發現其中存在著必然性。因為他們下意識的動作出自一種習慣，而習慣的養成來源於他們的工作態度。一個優秀的員工總會以一次大膽的嘗試、一個燦爛的微笑、一個習慣性的動作、一種積極的態度和真誠的服務，為公司和自己帶來不可計量的喜悅和機會；而一個做事漫不經心的員工則恰好相反，他可能會把最重要的事搞得一團糟。

所以，重視工作細節中的蝴蝶效應，對你來說，就如同為你的工作和事業裝上了「安全閥門」。

身為一名員工，請不要忽略工作中的細節，它可以決定你的一切。具體而言，你應該做到以下幾點：

從簡單做起

在當今社會，幾乎所有的年輕人都胸懷大志，滿腔抱負，但是成功往往都是從點滴開始的，甚至是細小至微的地方。如果不遵守從小事做起的原則，必將一事無成。所以，凡事不要急功近利；先要歷練心境，沉澱情緒；從零做起，從小事做起。不好高騖遠，本著務實求真的精神去客觀、切實地累積經驗，逐漸去培養注重細節的思維方式和行為習慣。

從細微處入手

不論什麼事，實際上都是由一些細節組成的。細節是每一個環節都能透出一絲不苟的嚴謹，真正做到了環環相扣、疏而不漏。我們要把細節當做一件大事來做，花大力氣做，把事做細、做透、做全面，才能把事情做好。生活的一切原來都是由細節構成的，細節看似偶然，實則孕育著必然，俗話說：「細微之處見精神。」要想不出現失誤，就必須從最細微之處入手。

避免任何細節的失誤

現代商業的成敗，在很大程度上都是由細節決定的。大筆的金錢投入下去，往往只為了賺取百分之幾的利潤。任何一個細節的失誤，就可能將這些利潤完全吞噬掉。所以，對於工作的細節和生活的小節，每個人都沒有理由不去重視。

15. 忽視細節會吃大虧

在日常工作中，人們總是願意去關注那些大的事情、大的問題，而不願去關心那些細小的問題，認為它們太「小」，完全沒有必要在這上面耗費太多的精力和時間。殊不知小問題容易出現大紕漏。一個不起眼的小細節有可能會葬送一個大專案。因此，對小細節應引起足夠的重視。

下面這則故事就是因為細節管理上的一個小的漏洞而造成了巨大的損失。

某地用於出口的凍蝦仁被歐洲一些商家退了貨，並且要求索賠。原因是歐洲當地檢驗部門從 1,000 噸出口凍蝦中查出了 0.2 克氯黴素，即氯黴素的含量占被檢貨品總量的五十億分之一。經過自查，環節出在加工上。原來，剝蝦仁要靠手工，員工小王因為手癢難耐，便用含氯黴素的消毒水止癢，結果將氯黴素帶入了凍蝦仁。五十億分之一和 1,000 噸比起來可以說是微乎其微，但嚴謹的歐洲人就是不允許有絲毫的失誤，他們對於細節問題可以說是相當地重視。

正是因為小王對於細節的疏忽，他們公司也因此而承受了巨大的損失，小王的處分可想而知了。

類似這樣的例子數不勝數。大的錯誤也許會引起人們足夠的重視，但小的錯誤人們往往會麻痺大意，一帶而過。其實，只要是錯誤我們就應該注意。因為錯誤終究是錯誤，不論它是否細小，而且往往小的錯誤更容易造成大的損失。員工要出類拔萃，就應非常注意細節。

第七章
培養對自我的責任心

責任心是一切行為的根本，是一切創造力的源泉，我們尊重以人為本，而員工應以責任為本。

1. 我們要對自己負責

社會在每個人的心中製造了一種害怕心理，害怕被拒絕，害怕被人嘲笑，害怕失去尊嚴，害怕人們將怎麼說。你不得不調整自己來適應所有盲目的、無意識的人們，你無法成為你自己。這是從古到今我們整個世界的一個基本的傳統，即是沒有人被允許成為他自己。

你唯一的責任是對你的本性負責，不要反對它。因為你反對它，等於是在自殺，是在摧毀你自己。那麼，你又將會得到什麼呢？即使人們尊敬你，人們認為你是一個非常正統的、受人尊重的、高尚的人，而這些根本無法滋養你的存在，無法使你對生命及其他的非凡的美有更多的洞察。

你是獨自一個人在這個世界上：你獨自來到這個世界，獨自一個人生活在這個世界，你也將獨自一個人離開這個世界。別人的意見都被留下來，只有你原本的感覺、你真實的體驗將伴隨你甚至到你死後。

即使死亡也無法帶走你的歡愉，你歡樂的淚水，你自身的純潔，你的寧靜，你的安詳，你的狂喜。死亡無法從你身上帶走的是你唯一的真正的寶藏，那就是你的精神產品和你對社會及對人類的貢獻。

2. 要對自己的人生負責

我們每個人從寒窗數載，到效力社會，從堂前敬親，到娶妻生子，上對國家社會，下對親人朋友同事，時時感覺自己責任重大，就像有一個無形的導演在不停地指揮著自己，每天都被動地履行著環境賦予自己的責任。

我們往往愛回首過去，從莘莘學子，到為人子、為人夫、為人父等，還有工作中的同事，生活中的朋友，角色擁有之多，應該已到人生的巔峰。總之，有一種強烈的感覺，不時地衝撞著我們的內心，讓我們想卸下人生的負累，過一種自己想要的生活，對自己負責！

在我們的周圍，有些人做事，僅僅是為了生存、為了混口飯吃；有些人活著，純粹是以金錢權力定位自己的人生；有些人一輩子思索的就是那麼幾個人，十分看重別人對自己的評價，謹小慎微地為這種評價而活著，他們認為這樣做，可以讓自己活得更好一些，希望透過這種方式去獲得成功和幸福，這也是在對自己負責。殊不知，恰恰這一輩子，也不知對自己到底負了什麼樣的責。

諸多先人，都提倡做人立世，對自己負責，推崇責任、氣節和操守。人生在世，不論成功與失敗，幸福與不幸，都要保持做人的尊嚴，對自己的人生負責。我們是平庸之輩，對自己的人生負責也就是不斷修正自己的生活信念，履行自

己的生命使命，自覺選擇和承擔對社會和他人的責任，使自己的人格日趨完美，讓自己愛人生、愛生活、愛他人、愛事業，讓自己在面對流年去歲時還能堅定地說一聲：我是個對自己負責的人！

意識到自己要做和正在做的事，並且認真地去做了，收穫一定是自在、充實和安詳。

一個人要是明白了自己的責任，懂得去體驗那種超乎成功與幸福之上的更有價值的人生，那一定會淡然面對凶吉難卜的未來。

3. 要對自己的行為負責

對自己負責是許多人在獨立工作時最常說的一句話。然而，許多人往往聽過就算了，深不知「對自己負責」這句話是多麼地重要；它，就像是一種魔法，一種讓聽者感覺自己可以獨當一面的語言魔法；它，使人擁有自信心，告訴你「你已經長大了，可以自己做決定」。

對自己負責，這是多麼重大的責任！就像是長輩賦予你至高無上的權力去操控、掌握這個屬於你的世界。但是它並不是說你想做什麼，就去做什麼，而是告訴你，做任何事前要審慎地思考開始、過程、目的、結果，且對決定的事負完全的責任。「對自己負責」就好像法律上所說的「完全的行為能力，負完全的責任與義務」類似，很慎重。

社會上，存在著許多無法對自己負責的人，舉個例子，飆車族、小偷、強盜。他們在做這些危險、犯法的事之前，想必未曾想過從事這行為的後果，所以當東窗事發後，他們往往後悔不已，這就是不負責任的行為；他不僅沒有對自己負責，也對社會、父母無法交代，如果是你，你絕對不會想讓自己也和他們一樣後悔吧？

我們作為世界上的一分子，我們最大的責任就是扮演好每一個角色，做我自己！做最好的我自己！

4. 要對自己的工作負責

任何偉大的工程都始於一磚一瓦的堆積，任何耀眼的成功也都是從一跬一步中開始的。這一磚一瓦、一跬一步的累積，都需要我們以盡職盡責的精神去一點一滴地完成它。

成功的優秀人士大都是這樣的人：有高度的責任心，工作態度表裡如一、一絲不苟，永遠抱有熱情。他們的成功是一種透明的成功，沒有半點虛假，沒有半點水分。

我們都知道，姚明是 NBA 賽場上的英雄，身價上億美元；白髮斑斑的美國 Viacom 公司董事長薩莫．雷石東

（Sumner Redstone）神采奕奕，他所領導的公司在美國擁有很大的名氣；事業有成的比爾蓋茲仍潛心凝神地工作，決意把微軟的產品賣到全球每一個地方……在這裡，他們的身分各異，或者是球星，或者是公司的董事長，但是仔細分析，我發現他們的態度卻有著驚人的相似：認真地對待工作，百分之百地投入工作，從來沒有想過要投機取巧，從來不會耍小聰明。

工作就意味著責任，職位就意味著任務。在這個世界上，沒有不需承擔責任的工作，也沒有不需要完成任務的職位。工作的底線就是盡職盡責。

大家肯定也都知道布萊德利將軍的故事吧？

一群男孩在公園裡玩遊戲。在這個遊戲中，有人扮演將軍，有人扮演上校，也有人扮演普通的士兵。有個「倒楣」的小男孩抽到了士兵的角色。他要接受所有長官的命令，而且要按照命令絲毫不差地完成任務。

「現在，我命令你去那個堡壘旁邊站崗，沒有我的命令不准離開。」扮演上校的亞歷山大指著公園裡的垃圾房神氣地對小男孩說道。

「是的，長官。」小男孩快速、清脆地答道。

接著，「長官」們離開現場；男孩來到垃圾房旁邊，立正，站崗。

時間一分一秒地過去了，小男孩的雙腿發痠，雙手開始無力，天色也漸漸暗下來，卻還不見「長官」來解除任務。

一個路人經過，說公園裡已經沒有人了，勸小男孩回家。可是倔強的小男孩不肯答應。

「不行，這是我的任務，我不能離開。」小男孩堅定地回答。

「好吧。」路人實在是拿這位倔強的小傢伙沒有辦法，他搖了搖頭，準備離開，「希望明天早上到公園散步的時候，還能見到你，到時我一定跟你說聲『早安』。」他開玩笑地說道。

聽完這句話，小男孩開始覺得事情有一些不對勁：也許朋友們真的回家了。於是，他向路人求助道：「其實，我很想知道我的長官現在在哪裡。你能不能幫我找到他們，讓他們來給我解除任務。」

路人答應了。過了一會兒，他帶來了一個不太好的消息：公園裡沒有一個小孩子。更糟糕的是，再過 10 分鐘這裡就要關門了。

小男孩開始著急了。他很想離開，但是沒有得到離開的准許。難道他要在公園裡一直待到天亮嗎？

正在這時，一位軍官走了過來，他了解完情況後，脫去身上的大衣，亮出自己的軍裝和軍銜。接著，他以上校的身分鄭重地向小男孩下命令，讓他結束任務，離開職位。軍官對小男孩的執行態度十分讚賞。回到家後，他告訴自己的夫

人：「這個孩子長大以後一定是名出色的軍人。他對工作職位的責任意識讓我震驚。」

軍官的話一點沒錯。後來，小男孩果然成為一名赫赫有名的軍隊領袖——布萊德利將軍（Omar Nelson Bradley）。

堅守職位，完成任務，這就是我們所說的職位責任。假如你是公司老闆，在分派任務的時候，你會信任這樣的人嗎？在提升職位的時候，你會首先考慮他們嗎？當然會！這樣的人無疑是能夠準確無誤完成任務的人。

企業需要的優秀員工，不是說他要有多高的學歷、多好的經驗、多高的技術，而是他對工作是否具有認真負責的精神！

如果一個人，無論是在卑微的職位上，還是在重要的職位上，都能秉承一種負責、敬業的精神，一種服從、誠實的態度，並表現出完美的執行能力。這樣的人一定是我們企業的最佳選擇，也是任何一間企業的最佳選擇。

在今天這個時代裡，雖然到處都呈現出了一片日新月異的景象，為人們提供了很多發展自己人生和事業的機遇。但是受社會影響，許多人的身上也滋生出了一種自由散漫、不受約束、不負責任的毛病。他們認為，在這個時代裡，謀求自我實現、自我發展、自己創業當老闆是件天經地義的事，而忘了只有責任感才能夠讓個人的價值得到實現，也只有具備盡職盡責精神的人，才會受到別人的重視和提拔。

那些無法理解這一點的人，十分不幸地陷入了對自己危害極大的失誤。他們不受約束，不嚴格要求自己，也不認真負責地履行自己的職責。面對一切職位制度和公司紀律，都在內心深處嗤之以鼻，對一切組織和機構中的職位制度都持牴觸情緒和懷疑態度。在工作和生活之中，以玩世不恭的姿態對待自己的工作和職責。對自己所在機構或公司的工作報以嘲諷的態度，稍有不順就頻繁跳槽。他們在團體中，如果沒有外在監督，根本就無法工作。他們對自己的工作推諉塞責，故步自封。任何工作到了他們的手裡都無法認真對待，以至年華空耗，事業無成。又何談什麼謀求自我發展、提升自己的人生境界、改變自己的人生境遇、實現自己的人生夢想呢？

我們每個人都應該知道：生活總是會給每個人回報的，無論是榮譽還是財富，條件是你必須轉變自己的思想和認知，努力培養自己盡職盡責的工作精神。一個人只有具備了盡職盡責的精神之後，才會產生改變一切的力量。

工作的底線是盡職盡責。改變態度，努力培養自己勇於負責的精神。你將成為工作與生活中的贏家。

5. 訓練自我負責的方法

每一個人都有選擇，都有機會，但是，先天和環境因素造成每個人的機會多少不同。所以，這個世界不是完全公平的。但如果你因為世界不公平而放棄了自己的機會和選擇，那就是你自己的責任，就不能怪世界不公平了。

打一個比方。有些人出生時就因為遺傳的原因，可能會在某個時候患上較嚴重的疾病。但這並不代表他一定會患病。如果他能把握機會，做正確的選擇，安排好自己的鍛鍊和飲食，他很可能比誰都健康；但是，如果他就因為「基因不好」就自暴自棄，那麼他得病的機率幾乎一定會成倍增加。

所以，凡事都要想清楚，什麼是自己無法改變而必須接受的，什麼是自己可以選擇的，什麼是自己必須勇敢挑戰的。當你碰到不可改變的事情時，要勇敢地接受它，不要把時間浪費在悔恨、羨慕和嫉妒上。你應該做的事是積極主動地抓住命運中你可以選擇、可以改變、可以最大化你的影響力的部分。

還有，就算在最艱苦的時候，當你感覺命運已拋你而去時，你總是有選擇的。就像法蘭克說的：「在任何極端的環境裡，人們總會擁有一種最後的自由，那就是選擇自己的態度的自由。」

「積極主動」的含義不僅限於主動決定並推動事情的進

展，還意味著人必須為自己負責。責任感是一個很重要的觀念，積極主動的人不會把自己的行為歸咎於環境或他人。他們在待人接物時，總會根據自身的原則或價值觀，做有意識的、負責任的抉擇，而非完全屈從於外界環境的壓力。

對自己負責的人會勇敢地面對人生。大家不要把不確定的或困難的事情一味擱置起來。比方說，有些人認為英語重要，但學校不考試時，自己就不學英語；或者，有些人覺得自己需要參加社團鍛鍊溝通能力，但因為害羞就不積極報名。對此，我們必須意識到，不去解決也是一種解決，不做決定也是一個決定，消極的解決和決定將使你面前的機會喪失殆盡，你終有一天會付出沉重的代價。

其實，就算你不確定自己想要什麼，你至少應該知道自己不要什麼；就算你無法積極爭取你最想要的，至少也應積極避免你最不想要的。

如果你想做一個積極主動、對自己負責的人，你就應立即行動起來，按照以下幾點嚴格要求自己：

以一整天時間，傾聽自己以及四周人們的語言，注意是否有「但願」、「我辦不到」或「我不得不」等字眼出現。

依據過去的經驗，設想一下，自己近期內是否會遭遇一些令人退縮逃避的情況？這種情況處在你自己的影響範圍之內嗎？你應該如何本著積極主動的原則加以應對？請在腦海中一一模擬。

從工作或日常生活中，找出一個令你備感挫折的事情。想一想，它屬於哪一類，是可以直接控制的事情，還是可以間接控制的事情，抑或根本無法控制的事情？然後在自己的影響範圍內尋找解決方案並付諸行動。

鍛鍊自己積極主動的意識。在一個月內，專注於自己影響範圍內的事物，對自己許下承諾，並予以兌現；做一枝照亮他人的蠟燭，而非評判對錯的法官；以身作則，不要只顧批評；解決問題，不要製造問題；不必怪罪別人或為自己文過飾非，不怨天，不尤人；別活在父母、同事或社會的庇蔭之下，善用天賦的獨立意志，為自己的行為與幸福負責。試行積極主動的一個月訓練法，觀察一下，自己的影響範圍在訓練之後是否有所變化？

6. 要培養自我約束力

對於自我約束的問題，美國搖滾歌手傑克遜·布朗（Jackson Browne）曾經有過一個有趣的比喻：「缺少了自我約束的才華，就好像穿上溜冰鞋的章魚。眼看動作不斷可是卻搞不清楚到底是往前、往後，還是原地打轉。」如果你知道自己有幾分才華，而且工作量實在不少，卻又看不見太多成果，那麼你很可能缺少自我約束的能力。

在日常管理活動中，有許多禁止、不准和不允許，或者還有一些不主張、不贊同等等。一直以來人們就認為這些東西應該是生硬的和冷冰冰的。但這樣做的效果卻未必理想。

在一家很有名的法國餐廳的大廳裡可以見到這樣的字眼：「服務人員禁止在大廳抽菸、休息，違者記過」，意思固然很清楚，但員工並不喜歡，因為它明顯帶有不信任、帶有強制性，令人壓抑。對這家餐廳來說，這樣做並不會實現員工的自我管理，可能適得其反。讓員工進行自我管理過程中雖然可能無法避免地會出現一些倦怠或低效率的情況，但隨著自我管理的不斷加強，這種局面終將有所改觀，而如果對員工自我管理進行粗暴干涉或聽任不管都可能導致混亂。所以，對員工自我管理進行引導的方向和策略，應當成為企業策略規劃的一個新的組成部分。

我們時代的許多偉大的思想學說，為管理學的發展開闢了極其廣闊的空間。在員工應得到尊重、鼓勵，應從工作中得到樂趣和滿足這些人性化理念的推行和應用過程中，員工的自我管理也得到了推廣。

毫無疑問，一個人的工作態度以及他與周圍人的關係決定了工人的生產效率。拒絕或忽視運用自制力的人，實際上是把好機會一個又一個地浪費掉，而且，最糟的是，他們本身並不知道錯過了這些機會。

在職業生涯過程中，大多數人很難在開始的時候，就具

備出色的自我管理能力。往往是在經歷了協助性自我管理之後，才實現了真正意義上的自我管理。

少年時期，父母與老師負責我們的自我管理任務。我們大多數情況下都是在督促中完成了自我管理，而並不是主動去完成學習與生活的任務。雖然那時可能有朦朧的自我管理意識，但尚不具備自我管理能力，督促甚至是強迫則成了必要的手段。

踏入社會，開始了獨立自主的生活以後，自我管理回歸到獨立進行的階段。雖然有些時候我們仍然需要別人的協助與支援，但更多的是，要依靠自我。這既是個性不斷完善的過程，也是我們職業生涯穩步發展所必經的階段。

當我們意識到自我管理的重要性時，並在工作中加以實現，那麼你會發現，自己的生活習慣與工作習慣都因此得到了一定的改善。無論做什麼事，都會有條理可循，做事穩重，不留後患，在同事與上司眼中，你是一個嚴格要求自己的優秀員工，是一個可以讓人放心和信任的人。所以，你的上司會放心地把重要的工作交由你去完成；你的同事喜歡與你共同工作，並會主動與你交往。你的能力在上司交代的任務中得到了鍛鍊與進步，為你贏得了晉升與加薪的機會；你的人際網路在同事與你的工作過程中得到了擴大，這可能會為你帶來許多意想不到的成功機遇。

7. 要端正職業態度

職業態度主要是指勞動態度。勞動態度不單指勞動者的主觀態度，也揭示了勞動者在生產過程中的客觀狀況、參加社會勞動的方式。

人們的勞動態度是在多種因素的作用下形成的。這些因素有主觀方面的，也有客觀方面的。主觀方面的因素有勞動者的勞動價值觀念、受教育程度、文化專業技術水準、勞動能力、興趣愛好等等。客觀方面的因素有生產資料的所有制狀況、勞動者在勞動中的地位、產品的分配方式、勞動者具體勞動的內容、勞動環境和勞動條件等等。

職業態度的好壞可以展現出一個人、一個企業、一個部門、一個系統的精神境界和道德風貌。

端正

工作只有性質不同，而沒有高低貴賤之分。但是，不論任何人，首先要有一個端正的職業態度，否則，什麼事情也做不好。而且職業態度的好壞成為對人們進行職業道德評價的標準，勞動貢獻的大小也就成為衡量人們職業道德價值的標準。

謙和

對人要謙虛和藹。和藹可以使人感到至親至善至美。無論從事何種工作，都應做到說話和氣，對人親熱，有問必答，有錯必改，百問不煩。這是職業態度的起碼要求。

誠實中肯

對人對事要誠實中肯，不弄虛作假，不欺騙人，更不敲詐勒索。要說老實話，辦老實事，做老實人。在社會服務中，要誠實守信，表裡如一，言行一致。

克服不道德行為

在職業態度中也有一些不可忽視的問題：有些部門和工作人員，對民眾反映的問題無法及時解決。民眾有問題找上門來，他們不是熱情接待，而是態度生硬。在大力加強職業道德建設，端正職業態度的同時，必須採取教育、紀律和法制等方法，和職業態度中的不道德行為進行不懈的抗爭。

8. 要履行職業責任

職業責任是指行業和從事一定職業的人們對社會和他人所負的職責。社會上的每一個行業都對社會或其他行業擔負著一定的使命和職責，從事一定職業的人們也對本職工作擔負著一定的職業使命、職責、任務。職業責任往往是透過具體法律和行政效力的職業章程或職業合約來規定的。能否履行職業責任，是一個職業工作者是否稱職、能否勝任本職工作的根本問題。

一般說來，責任就是義務，職業責任就是職業義務，這兩個概念是相同的，但職業責任、職責義務與道德義務並不完全相同，它們之間既有關聯，又有區別。它們的關聯主要是指：都要求從事一定職業活動的人們必須敬業樂業、積極工作、努力完成自身職業所賦予的各項任務。

它們的區別主要是：

第一，職業責任、職業義務是靠外在的強制力量推動人們的職業行為。如果一個人不履行或不認真履行職業責任與義務，就要受到政治的、經濟的或法律的制裁。道德義務則是在人們的內心信念驅使下自覺履行的，雖然有時強大的社會輿論也會對人的行為產生重大作用，但這和外在的強制和政治、經濟、法律的強制有著不同的性質。

第二，履行職業責任和職業義務與得到某種權利或報償緊密連繫，而履行道德義務不是為了權利和報償。在道德上盡義務，就是要自覺地做出有利於他人的、有利於社會的行為；當個人利益與他人或社會利益發生衝突時，就要犧牲個人利益以實現他人或社會的利益。所謂道德義務，就是人們自覺意識到的並自覺履行的道德責任，它高於職業責任與職業義務。

職業責任規定了從業人員的職業行為的具體內容，是從業人員履行職業義務的依據。職業勞動者只有意識到自己所擔負的責任，把它變成自己內心的道德情感和信念，才能自覺自願地從事本職工作，表現出良好的職業道德行為。因此，職業道德教育的任務之一，就是要使職業勞動者自覺意識到自己對社會、對本職和對他人所承擔的職業責任，並自覺地轉化為自己的職業道德義務。

9. 要理解職業紀律

職業紀律是指為了維持職業活動的正常秩序，確保職業責任的履行，人們在從事職業活動時必須遵守的規矩和準則。它是調節勞動者與他人、職業集體、社會以及職業生活中區域性與全部關係的重要方式。它常常表現為規章、制度等形式。

職業紀律具有法規強制性和道德自制性兩方面的特徵。職業紀律成為職業道德規範體系的內容，不僅因為職業紀律是確保職業活動正常開展的手法，而且因為遵守職業紀律的意識和行為是人們職業道德的重要內容。自覺遵守職業紀律是個人自由意志的展現，是個人對自己與職業集體關係、與社會整體利益關係的「自覺」認知的展現，它說明了個人對正常職業生活及社會集體生活需要的服從。

職業紀律與職業道德是對立統一的關係，它們之間既有差異性，又有統一性。一個自覺用職業道德約束自己的人，也必然是一個嚴格遵守職業紀律的人。也就是說，職業紀律與職業道德是職業活動的共同要求，兩者密切連繫、相互補充、相互促進。同時，它們之間又有差異性。職業道德是用榜樣的力量來倡導某種行為，而職業紀律以強制手段去禁止和懲處某種行為。紀律的執行和檢查往往由專門機構來確保，而職業道德是靠社會輿論和內心信念的方法來實現的，其目的在於提升人們的思想境界和情操。

10. 要完善職業的良心

職業良心是在履行職業義務中人們內心所形成的職業道德責任感和對自己職業道德行為的自我評價、自我調節能力，是一定的職業道德觀念、職業道德情感、職業道德意志、職業道德信念在個人意識中的統一。

良心是一種道德意識現象，是社會存在的反映，是社會關係的產物。良心雖然人人都有，但由於人們所處的地位不同、道德觀念不同，人們的良心也不相同。共同的良心是沒有的，而且社會分工的不同造成了生活方式的不同，也造成了良心的差別。

職業良心與職業責任的區別，主要在於它是一種「道德自律」，是存在於內心的自我道德信念和要求。因此，職業良心的形成，在很大程度上取決於職業勞動者的自我體驗、

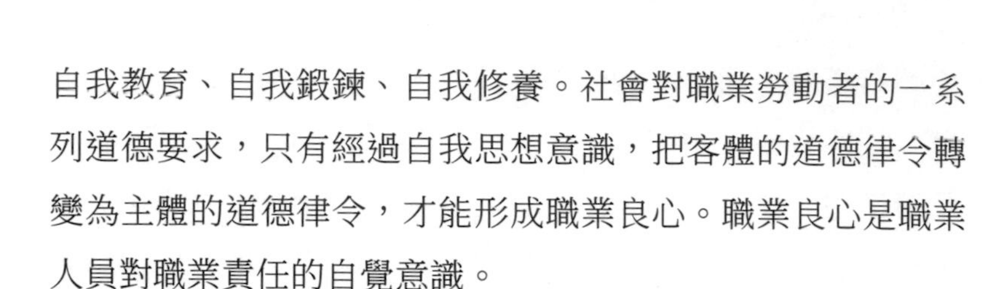

自我教育、自我鍛鍊、自我修養。社會對職業勞動者的一系列道德要求，只有經過自我思想意識，把客體的道德律令轉變為主體的道德律令，才能形成職業良心。職業良心是職業人員對職業責任的自覺意識。

職業良心一旦形成，往往左右著人們職業道德的各個方面，貫穿在職業行為過程的各個階段，對人們的職業活動有著巨大的作用。這種作用主要表現為：在職業行為之前，職業良心依據職業責任的道德要求，對職業行為的動機進行自我檢查，對符合職業道德要求的動機予以肯定，對不符合職業道德要求的動機進行抑制或否定，從而做出正確的動機決定。在職業行為進行中，職業良心能夠造成監督作用，對道德的行為給予肯定，對不道德的行為給予調整改正。在職業行為之後，職業良心能夠對自己行為的後果和影響做出評價，對履行了職業義務的良好後果和影響給予肯定，感到內心的滿足和欣慰；對沒有履行職業義務的不良後果和影響，深感內疚，進行內心的譴責，以致下定決心糾正自己的錯誤。

11. 提升自我職業素養的方法

企業的員工要想在競爭中取勝，只有德才兼備，具備一流的職業素養，方可在競爭激烈的社會謀取自己的立足之地，才能對社會有所貢獻。

所謂德，即良好的職業道德和社會公德；所謂才，即精深的專業知識和業務技能。德才兼備的人必須具有科學、創新、平等、法律、競爭、民主等意識；必須具有健康的道德價值傾向和社會公德意識，誠實守信、舉止文明、遵紀守法、愛護公物；必須具有較強的環保意識和生態意識；必須是能力多元、素養全面的人。只有這樣的人，才能在這個龍騰虎躍的時代脫穎而出，大放異彩。

那麼，怎樣才能德才兼備，如何才能提升自我的職業素養呢？

要學法、知法、懂法

企業員工要學法、知法、懂法，要嚴格遵守國家的法律和法規，不違背約定俗成的道德觀念和行為規範，努力成為國家的合法公民。

無規矩不成方圓，國有國法，家有家規。企業員工有追求，要發展，不能為所欲為，必須學法、知法、懂法，在法律許可下發展，要受到約束。所謂約束，就是限制自己不超出規定的範圍。年輕人大都不喜歡約束，而嚮往自由，是可以理解的。但絕對的「自由」是不存在的。德國思想家歌德曾說：「一個人只要宣稱自己是受約束的，他就會感到自己是自由的。」法國法學家孟德斯鳩也有句名言：「自由是做

法律所允許的一切事情的權力。」社會本來就是由法律、法令、規定、制度、規範等編織而成的一個大籠子，它罩住了每個人你所要的自由，只能在限定的這個空間內去尋求，你如果要在這個「籠子」之外做點什麼，那麼肯定會自找麻煩。所以，我們要養成自我約束的良好習慣，做一個學法、知法、懂法的合格公民。

老老實實做好本職工作

企業員工要有一種強烈的求知欲望，與時俱進，一時一刻也不能放鬆對新業務的學習，並且要做到學有專長，成為某一方面的骨幹或「頂尖」。如果放棄對新知識的學習、新技能的掌握、新問題的研究，你即使是個「老兵」，也有可能落伍。因此，無論年齡大小，從業時間長短，都要堅持學習。大家可以清楚地看到，隨著科技的發展，AI 在日常工作中的作用越來越大，不懂得操作 AI 工具，等於是文盲，工作的效率和品質也就無法保證和提升。也許你在十年前一身力氣可以勝任工作，目前卻會因不知力用何處，被社會淘汰。業務要學好，必須有兩戒：一戒懶惰。人都有惰性，戒懶與戒毒差不多，知易行難。許多人本可成大材，就是「懶惰」二字使他與成功無緣。去掉懶病，心想事成，不妨一試。二戒虛榮。孔子曰：「知之為知之，不知為不知，是知也。」怕丟臉面，不懂不問，不懂裝懂，這是學業務之大敵。不會不為恥，不懂就要問，幾天弄懂一個問題，幾年下來就會成為本專業或本部門的高階主管。這並不是說每個人要對所處企業的業務全面通曉，但起碼要在和自己相關的業務上真正搞懂搞通，在一定的範圍之內是「權威」、「專家」。人要想有一項專長很容易，只要肯全身心地投入你手頭所從事的工作，並且不斷地摸索、總結、進步，用不了幾年就會有成果。學習一門手藝，即使沒有進入公司服務，自己也可以養活自己。沒有本事，沒有專長的人，生存的空間將會越來越小。你是一隻羊，那你隨時都有可能給獅子餵肚子，即便你是一頭獅子，生病了、衰老了、跑不動了，照樣也要餓肚子。

對待公司安排的工作，不能偷懶、不能逃避、不能拖延，應主動盡到責任，努力做到讓別人很難挑出毛病的分上。一個人要想在一個單位立得住、有發展，要緊的一條是，讓大家公認他是一個主動進取、腳踏實地、認真做事的人。不肯花氣力，應付差事，只做「眼皮子」工作，只要能把上司、同事糊弄過去就萬事大吉，什麼工作標準、工作品質、工作效率啦，好像與他們沾不著邊。這些人在單位非但不會有出息，而且隨時都有被辭退的可能。一個人一旦在工作上，形成做事偷懶逃避不認真的習慣，這個人就不可能有一個好的品格，他會在一切事上都不忠實起來。做事不認真的人，就是拿自己品格開玩笑的人，拿自己的前途開玩笑的人。試想，哪個主管肯把這些人安排到重要的職位上呢？一個人一旦形成這種不良的習慣，改起來就會是一件非常費力的事情。習慣構成性格，性格決定命運哪！一定要努力養成認真做事的習慣。這種習慣是一筆無形的財富，會使我們終身受益。我們在工作中應該主動找事情做，不要讓工作等人做。有一本很暢銷的書叫《把信送給加西亞》（*A Message to Garcia*）對這個問題闡述得非常深刻：「世界會給你厚報，既有金錢也有榮譽，只要你具備這樣一種特質，那就是主動。」「什麼是主動？主動就是不用別人告訴他，他就能出色地完成工作；差一點的，就是別人告訴他一次，他就能去做；再差一點的，就是別人告訴他兩次，才會去做；更差的，就是在形勢所迫時，才能把事情做好；最等而下之的，就是即使有人追著他，告訴他怎麼樣做，並且盯著他做，他也不會把事情做好。這種人，就只能失業了。」分析分析自己屬於哪種人。

做事不認真、不主動、不負責任的人，都是職業或多或少有問題的，都是不會有大出息的人。這種人不管是什麼社會，也不管在什麼單位，都是被人瞧不起、不受歡迎的。

在新形勢下，我們應該保持清楚的大腦，充分意識到市場競爭形勢的嚴峻，優勝劣汰的競爭機制不會為某個人而改變。只有擁有正確的思想認知，全面的業務知識和熟練的業務技術，才能有所作為，才能走向成功之路。

第八章
培養對家庭的責任心

家庭可以是港灣也可能是拖累，當一個男子把家庭視為港灣的時候，他身旁一定有一個賢慧的妻子；倘若他把家庭視為拖累，不是他是一個不稱職的丈夫，就是他身旁有一個不稱職的妻子。

1. 對家庭要有責任心

我們每個人都是生活在社會群體當中，每個人在一生中都有這樣或那樣的責任，不管是對工作、對家庭，還是對社會。責任心貫穿於每個人的生活中，是人人理應擁有的東西。責任心是一個人健全人格的基礎，是能力發展的催化劑。責任心以認知為前提，如果沒有一個是非標準，責任心就無從談起。

現實生活中的每個人都需要解決衣、食、住、行等各種問題，人還需要工作，工作是人安身立命、實現自我價值之所在，所以對待工作就要有責任心。社會有各種行業，從從事腦力勞動的 IT 業菁英到從事體力勞動的農民、牧民，雖然每個人的工作職位不盡相同，但都應具備強烈的事業心、責任感，尤其是我們現在正處於快速發展的年代，對責任心賦予了更廣泛的意義。

有句話說「一屋不掃，何以掃天下」，這裡指的是一個人對家庭要有責任心，家庭是社會最小的單位，如果一個人無法承擔家庭責任，又怎麼能指望他去承擔社會責任呢？人不僅在社會要做一個好公民，在家裡也要盡力扮演好自己應有的角色。家庭責任心是維繫一個家庭所必要的條件，在一個家庭中他的身分不同，他的責任也有所不同，和睦的家庭往往是其成員都擁有維繫家庭的責任心，只有把家庭這個溫暖的港灣構建好了，工作才能得力，才有真正意義上的幸福，這也是我們構建和諧社會的一個基礎。

2. 對婚姻和家庭的責任

婚姻是人類社會一個永恆的話題。現在不少人都在討論維繫婚姻靠的是責任還是感情的問題。不管怎麼說，責任感對維持婚姻的穩固起著很重要的作用，這一點是無須置疑的。所謂責任便是男女雙方要對自己的小家庭共同承擔的義務及自己在家庭當中享有的權利。責任包含權利和義務，妻子對丈夫的權利和義務、丈夫對妻子的權利和義務。

這裡所講的責任清楚地規定了每個人的社會角色。相對於感情而言，兩者存在著以下的一些區別：感情是起伏不定的，而責任則是穩定不變的；感情無法講回報，而責任則規定著雙方的付出與獲得;感情不能要求對方而只能要求自己，責任則永遠是對雙方而言的。

所以有一個作家對此作了一個很好的比喻，她說：「如果說婚姻是河流的話，那麼責任感便是這條河流的堤壩，沒有責任的婚姻，必然如沒有堤壩的河流一樣，遲早會乾涸甚至死亡。」

小敏和小寧結婚了，他們都是外企的管理人員，兩個人

的思想都很開放。婚前，兩個人就約法三章，婚後不干涉對方的生活，給予對方絕對自由。他們向外界宣稱要做一對「新時代夫妻」，而且他們的婚姻是最寬鬆的婚姻，他們不會給對方任何束縛，他們不要去承受「婚姻中不能承受之重」。

婚後，兩人自由是自由，不過由於缺乏對這個家庭的責任感，兩人的婚姻開始亮起了紅燈。他們各自「自由」地交往著男女朋友，家成了兩人共同的旅社，至於妻子或丈夫應遵守的婚姻責任：彼此的忠誠、共同看望父母親、商量將來的生活等等都拋在了腦後，最後他們選擇了離婚。

現代社會充滿了太多的誘惑，城市有時就像個陷阱，張大了嘴等著你掉下去。假如失去了責任這道堤壩的約束，任自由內心的各種私欲膨脹，那麼欲望氾濫的結果就是愛情的枯萎、婚姻的死亡。

所以我們應該重視這道堤壩的作用，在婚姻生活中時時提醒自己，遇事能以家庭為核心，時時考慮到自己在家庭中所扮演的角色，這樣，婚姻自會穩固又健康。

一個人，在你選擇了成家的同時也就別無選擇地承擔了家庭責任，不管你願意與否。責任是不可選擇的，不去承擔就是逃避。家庭成員之間不是服從與被服從、主要與次要的關係，他們是平等、互愛的關係。誰沒有自己的理想，又有誰不懂得幸福之甜蜜。家庭不同於社會、不同於單位之處就在於家中充滿自覺的愛，而這愛來源於每個家庭成員無私的奉獻，這奉獻源於對家庭的責任感。家庭中的每個成員其實在自己為對方做出犧牲時，其潛意識中都希望得到愛的回報，包括情感上的、言語上的和物質上的。因此說，家庭中的犧牲和奉獻絕不應該是單方面的。在一個家庭中，只受用而無奉獻的人是世間最自私的人。追求個人理想的實現是崇高的，但以犧牲別人來成全自己，是否就顯得渺小了。理想可以不去實現，但責任一定要負。不敢、不能負責任的人又何談理想！

長相守才能長相知，長相知才能不相疑。不論時間走到哪一天，夫妻都該如此，這才是經久不變的時尚。

3. 對婚姻應該忠誠

人們常說「婚姻是神聖的」，它究竟神聖在哪裡呢？

首先，這種神聖來自一方對對方的真誠的愛，這是一種難得可貴的情感，更應當是一種崇高的忠誠。如今，雖然封建的「從一而終」早已快被人們拋棄，但是，夫妻間的忠誠，仍被千千萬萬的人們視為美德。可以說，夫妻忠誠是愛情的催化劑，是家庭美滿、子女幸福、老人安康的基礎，是抵禦「婚外情」、「第三者插足」的堡壘。因此，人們在步入婚姻殿堂的時候，一定不要忘記「忠誠」這兩個字。

婚姻的神聖還在於它承擔的責任。新婚是美好的、甜蜜的，但生活中不會總是充滿了陽光，還常常會遇到風風雨雨。人在旅途，什麼樣的問題都可能發生，一帆風順只是我們的美好願望而已。與其把漫漫人生看成是浪漫的，不如把它看成是實實在在的。在家庭生活中充滿了種種責任：丈夫對妻子的責任、妻子對丈夫的責任、父母對子女的責任、夫妻對雙方老人的責任，這一切，都將落在你們的肩上。你（妳）和他（她）不再是一個單獨的個體，一個可以任性的自由人。這一點，也必須要心中有數才行。

4. 要具有婚姻的責任感

婚姻是成熟人生的重要象徵，是男女雙方透過相識，相愛，相助，相伴在人類社會中尋求共同座標的過程。有人將婚姻喻作愛情的墳墓，有人將婚姻喻作城堡，也有人將婚姻視為成就事業的絆腳石。這些看法都較為片面，其實，婚姻是一塊四季都需要勞作的「責任田」，其收成好壞直接關係到自己的切身利益。

也許這個觀點過分正統了些，與當今某些崇尚自由的婚姻觀不太合拍。可是，婚姻關係一旦形成，無論是從它的社會性，還是自然性，無論是以道德還是法律的角度看，夫妻雙方都必須覆行一定的權利和義務，而這些權利和義務實質上就意味著夫妻雙方在共同的生活中承擔一定的責任，而這責任又像一條無形的繩索約束限制著夫妻任何一方的言論和行動，使他們互相彼此間要忠誠負責，而不能我行我素，毫無顧忌。

現行的婚姻制度雖然特別強調了男女婚姻自由，但在關係中給予雙方自由和對對方負責絕不是對立的，分隔的。如只是強調自由，把責任擠到死胡同裡，必然減少甚至失去家庭中必要的黏合力，這怎能經得起人生旅途中的風風雨雨。風雨一來，家庭便烏雲密布，以至最終解體。

當然，提倡婚姻責任感的前提是男女平等，婚姻自主。一對包辦婚姻，買賣婚姻中毫無感情的男女是不可能有為對方負責的精神和情懷的。所以，要使婚姻這塊「責任田」的愛情之樹常青，就需要男女雙方增進婚姻的責任感，忠誠負責於共同擁有的家庭。

5. 處理好家庭關係的藝術

家是溫柔港灣，家是親情張揚的場所，家庭關係和諧，全家人感覺無限幸福；家庭關係緊張，全家人都會感到痛苦。家庭成員之間的幸福感程度越高，家庭氛圍越好，每個人的生活品質和生命品質就越高。

儘管影響家庭品質的原因很多，但主要的家庭關係無非是三種：第一，對父母的愛；第二，對愛人的愛；第三，對子女的愛。這三種關係裡，愛是主旋律。同樣是愛，但表現的形式是不同的，對父母的愛，要講「孝」，對待愛人，要講「情」，對待子女則要講「情理交融」。只要這三個方面做好了，以人為本就在家庭落到了實處，家庭就會和諧愉快幸福久長。

子女如何對待父母，傳統文化裡認為「孝」是做人的根本，是治國安邦的大事，只有先有對父母親的孝，才可能有對他人的大愛和忠誠，有些地方甚至在提拔幹部的時候，把這一項作為其中一個重要的方面，考察對父母的孝敬情況。家庭是社會保障的一個單元細胞，孝敬父母就是贍養和敬重他們，讓他們有一定物質保障的情況下，盡可能最大限度的獲得心理上的滿足和愉悅。

對待愛人，是夫妻情意，情愛越多，愛意越濃。一般來說，家庭通常情況下是沒有太大的事情的，包容和關愛更為重要，很多時候都是「無可無不可」的，只要夫妻感覺好少生氣就行了。雙方都要找到自己的位置，主內主外，沒有明顯界線，相互合作，各安其位，少講理多做事，就會愉快多多，幸福多多。特別是在意見不一致將要發生衝突的時候，少說兩句，忍讓一下，就會過去。在家裡是沒有嚴格的誰對誰錯之分，誰高誰低之分的，只有平等和愛戀，情愛與資歷職位無關。很多人婚姻失敗的原因之一，就是太講理了，才使矛盾激化，水火不容，甚至分道揚鑣。講理必然會導致一方不講理，很委屈，但換個思維方法處理事情，就會使生活有滋有味。

在教育子女上，多點情理交融。孩子是夫妻之間的紐帶，有了孩子家庭會有很多歡聲笑語，孩子小的時候，主要是講情，用親情教育引導孩子健康地成長，親情的力量是很大的，孩子會認為父母是神聖的，偉大的，但隨著孩子的成長，他（她）就會自己辨別和判斷事情的真偽。作父母的就要及時了解孩子的心理發展動態，交流疏導，既要講情，還要講理，才能使孩子接受父母的教育，為孩子的順利成長奠定良好的家庭氛圍，使之發展為有用的人才。

家是幸福的共同體，沒有家庭的和諧，就不會有社會的和諧，處理好家庭關係是不可或缺的家庭藝術，也是愛的藝術。人生在世，不可計較太多，當家庭常常為錢的問題而發生矛盾的時候，想想錢是身外之物，多就多花少就少花，生不帶來死不帶去；當為工作煩惱的時候，不能對家人發洩怨氣，回到家可以把煩惱告訴家人，以便減少痛苦共同想方設法，戰勝困難或者變換處理方法；當家庭出現災難的時候，多和親人交流平靜心態，冷靜處理，或者請親朋好友相助。為了家庭的和諧，每個家庭成員都要增強個人意識，多奉獻出點愛，既要講權利的享受，又要盡好義務，真正讓愛昇華，讓所有的家庭成員都開心幸福。

6. 正確處理職業道德與家庭道德

在人類社會生活中，可以分成三大領域，這就是職業生活、婚姻家庭生活和社會公共生活。這又構成了以社會分工或勞動分工為紐帶的社會共同生活關係。家庭是以婚姻、血緣和收養關係為基礎的一種生活組織形式。家庭是社會的細胞，是社會生活的基礎。存在於家庭之中的調整家庭成員之間關係的原則和規範，就是家庭道德。當代社會中的家庭道德，是以家庭成員之間相互關係、相互幫助、志同道合、平等相親為根本特點的，因此又可稱為家庭美德。

職業道德與家庭道德是道德體系中的重要組成部分，在職業生活中，人們以職業道德作為職業和行業關係中的行為準則，在婚姻家庭生活中，人們又用家庭中的道德來規範人們愛情、婚姻和家庭關係中的行為。因此處理好職業道德與家庭道德的關係，對於調節人類社會生活中各方面的關係，促進精神文明建設和物質文明建設，具有廣泛的實際意義。

職業生活與家庭生活是人類社會生活的重要組成部分。它們既有區別又有關聯。兩者的主要區別就是職業道德是人們在職業活動中所遵循的道德，而家庭道德是人們在家庭生活中應該遵守的道德。它們只是人們處理問題時的地點的不同和規範上的差異。

同時，這兩者之間的道德行為是密切相關不可分割的。

一是家庭道德往往成為職業道德發展的助推力。一般來說，每個人在成年之前，往往要在家庭中生活十幾年或者二十幾年的時間，才能步入職場。因此家庭道德對每個人的影響，是職業道德形成的自然基礎之一。二是職業道德推動了家庭道德的進步。具有職業良心、注重職業榮譽和職業責任的人，往往在家庭生活中也表現得富於榮譽感和責任感。家庭本身既是生活單位，又是生產經營單位，這就使職業道德與家庭美德更加緊密地連繫在一起，使家庭道德向著正確的方向發展。

7. 正確處理夫妻關係

社會要建立和諧社會，家庭要建立和諧家庭，人與人之間相處，都要和睦。可以說，家庭的和諧是社會和諧的基礎。因為，家庭是社會中的一個細胞，健康、向上、和睦、幸福的家庭對社會的穩定關係重大。

有句古諺語：「家和萬事興。」而夫妻關係處於家庭所有關係中的第一位。一方面，家庭的其他關係諸如親子關係，也就不存在其他關係；另一方面，良好的夫妻關係是建立其他關係的基礎，夫妻相愛，孩子才會在愛的家庭中長大，從父母的關愛中學會什麼是愛。夫妻雙方相愛，才會更愛對方

的家人，所以說，「處理好夫妻關係，建立和睦家庭」就成了穩定社會的一個不容忽視的重要因素。

夫妻關係的調適是一種獨特的交往行為，它既是夫妻雙方權利和義務的一致性的具體展現，也是家庭履行撫養子女贍養老人職責的前提，還是夫妻在改革浪潮中比翼雙飛、爭作貢獻的推動力量。調適是為了求得夫妻雙方的進一步相互感情上適應和行動上協調，也是為了求得雙方生理上、心理上、社會關係上等多方面的滿足。家庭穩定與否，並不完全取決於夫妻婚前是否深愛，而更多地取決於婚後能否建立完美的夫妻關係。

另外，對於「處理好夫妻關係，建立和諧家庭」，以下幾點很重要：共渡一條河，駕好一艘船，舞好兩支槳，借好三股風，破好四重浪，到達和諧的彼岸。

一條河就是「愛河」；一艘船就是「家庭」；兩支槳就是「忠誠和尊重」；三股風就是「青春風、事業風、希望風」；四重浪就是「經濟困難浪、事業受挫浪、環境誘惑浪、感情衝突浪」。

總之，處好了夫妻關係，就有利於家庭的和睦，有利於子女的成長，有利於社會的穩定，不可等閒視之。

8. 正確對待夫妻的性格不合

朋友之間，話不投機半句多；夫妻之間，稍不留意也會走上離婚的道路。夫妻離異的緣由很多，但絕大多數都是源於性格不合。因此，要防備婚姻的裂變，應著眼於夫妻性格不合的矯治。

所謂夫妻性格不合，實質上是這一方沒有使另一方如願以償。同樣道理，所謂性格相合，情意相投，就是夫妻雙方彼此都能獲得滿足。這種互相滿足包括物質上的和精神上的，透過努力是可以做到的。

因此，夫妻的性格不合，即使已到了見到對方都感到是種精神折磨的地步，也還是不要輕易分道揚鑣為好。與其束手待斃地哀嘆與對方性格不合，不如身體力行，透過主觀努力，在實現家庭職能中相濡以沫，彌縫不合，擺脫困境。

如何擺脫夫妻性格不合的困境，進而彌合夫妻間的縫隙呢？最好是用「異質整合」的方法。夫妻性格的異質整合，一般要經過遷就、接納、應心三個階段。

遷就

就是一方順著另一方。夫妻之間，有各式各樣分野，如一方要鹹，一方要淡，一方愛音樂，一方好球類等的興趣愛好分野；一方當教師、當護理師，一方當鉗工、一方當營業員之類的職業所構成的生活方式分野；一方活潑好動，一方

憂鬱孤僻，一方急躁，一方沉著之類的氣質分野等。有了分野，彼此難免產生不習慣、不適應的現象。遷就，就是彼此寬容，面對現實，接受現實，從而使彼此思想得以認同。

接納

就是遷就的習慣化。如果說遷就是克己妥協和讓步的勉強過程，那麼，接納就是勉強的解除，並漸趨自覺的過程。遷就時間久了，也就習慣了，不僅不覺得勉強，反而覺得非此不可。

應心

就是得心應手。夫妻經過接納，性格、氣質、習慣、作風等全面適應，互相熟悉，配合默契，臻於高度的和諧。

性格不合的夫妻進行異質整合，必須牢記：

異質整合從遷就到應心，是個潛移默化的過程，日久方得見效，它需要雙方付出長期的努力。

夫妻性格異質整合的基礎是愛情，如果雙方沒有維護愛情、維護家庭的強烈願望，一切的一切，都將是侈談。

夫妻是個共同體，榮辱與共，性格的異質整合，不存在孰是孰非與孰優孰劣；各走極端既不必要，亦無意義。

9. 要與老人和諧相處

當人的飲食溫飽等生理需求得到了解決之後，人類最難忍受的大概就是孤獨了。身為耄耋之年的老人家，更不願意孤獨終老，更渴望得到關愛……

老年人最大的一個認知特點是：往事歷歷在目，近景一片模糊。幾十年歲月的痕跡深深的烙印在他們的心裡，過往的苦難與歡樂，讓他們沉浸在遙遠的回憶中，這種回憶是支撐他們生活的一個很重要的精神支柱。而眼前的人和事，他們卻絕大部分都記不住多少。由於長期獨居，加上過往的一些不愉快的經歷可能給老人留下了心理陰影，大多數的老人性格孤僻，古怪。這就需要我們有加倍的熱情和耐心，去融化老人的心，取得他們的信任。

那麼，如何與老人家交談？

（1）態度。要和藹可親，平易近人，臉上常帶微笑，讓老人能感受到你的親切感。

（2）位置。不要讓老人抬起頭或遠距離跟你說話，那樣老人會感覺你高高在上和難以親近。你應該近距離彎下腰去與老人交談，這樣，老人才會覺得你重視他。

（3）用心交流。你的眼睛要注視對方眼睛，你的視線不要游離不定，讓老人覺得你不關心他；若是同性，你還可以握著對方的手交談。

（4）語言。說話的速度要相對慢些，語調要適中，有些老人弱聽，則須得大聲點，但還要看對方表情和反應，去判斷對方需求。

（5）了解情況。要了解老人的脾氣、喜好，可以事先打聽或在日後的相互接觸中進一步慢慢了解。

（6）話題選擇。談話時要選擇老人喜愛的話題，如家鄉、親人、年輕時的事、電視節目等，避免提及老人不喜歡的話題，也可以先多說一下自己，讓老人信任你後再展開別的話題。

（7）真誠的讚賞。人都渴望自己被肯定，老人家就像小朋友一樣，喜歡表揚、誇獎，所以，你要真誠、慷慨地多讚美他，談話的氣氛就會活躍很多。

（8）應變能力。萬一有時談得不如意或老人情緒有變時，盡量不要勸說，先用手輕拍對方的手或肩膀作安慰，穩定情緒，然後盡快扯開話題。

（9）有耐心。老人家一般都十分嘮叨，一點點事可以說很久，你不要表現出任何的不耐煩，要耐心地去傾聽老人的話。

「老吾老以及人之老，幼吾幼以及人之幼。」與老人和諧相處，除了有一定物質上的保障外，還要盡其可能，使他們得以心理上的滿足和愉悅。

10. 婆媳之間要做到和睦相處

在家庭中，婆媳關係最容易產生矛盾，而且產生矛盾後又不容易解決。婆媳關係一緊張，父子關係、母子關係、公媳關係、夫妻關係往往隨之而緊張。其實，只要注意以下幾點，婆媳關係是完全可以處理好的。

相互尊重

婆婆和媳婦都要相互承認對方獨立的人格，獨立的經濟地位，誰也不要支配誰，誰也不要聽命於誰，全家的事情商量了辦。如經濟開支，涉及整個家庭的，集體討論；屬於個人範圍內，互相不要干涉。又如管教孩子，主要是父母的事，如果感到媳婦管教方式不當，婆婆可事後提醒，絕不要當著孩子的面去干涉，免得產生矛盾。總之，媳婦要多尊重婆婆，多想想婆婆年紀大，管家有經驗；婆婆也要多尊重媳婦，多想想年輕人自有年輕人的想法，自己的那一套可能不合時宜了。

相互諒解

媳婦要體諒老人，老人所想不可能和年輕人完全一樣；婆婆也要多體諒媳婦，婆婆對待子女要一視同仁；媳婦和丈夫親，要多考慮安慰老人，不要使老人產生一種孤獨、落寞之感；但即使媳婦對丈夫照顧較多，對婆婆照顧有所不同，

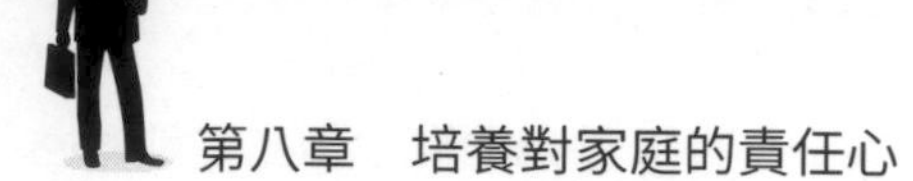

婆婆也應這樣去想：「小夫妻感情好，是好事。」在家務勞動方面，媳婦要照顧婆婆，自己多做些；婆婆要考慮媳婦工作忙，自己多幫幫她，這樣雙方的矛盾就小了。

切忌爭吵

在任何情況下，婆媳都不要「針尖對麥芒」地爭吵，如果一方發火了，另一方要暫時忍讓，過後再說。如果一吵，勢必擴大矛盾，而且較難轉彎。幾次爭吵，形成成見，就更不好調和了。平時如果有意見，不要和鄰居、親友亂講，有機會時雙方好好開誠布公地談一談，或是由兒子懇切地傳達。

父子要發揮緩衝作用

如果婆媳產生了矛盾，雙方的丈夫一定要慎重對待。最好的辦法，不管誰是誰非（在家庭中，一般情況下，也沒有大是大非問題），父親與兒子都要保持「中立」，進行調解，等婆媳雙方情緒平息下來後再說。千萬不要「幫倒忙」。

第九章
培養對社會的責任心

責任心就是關心別人，關心整個社會。有了責任心，生活就有了真正的含義和靈魂。這就是考驗，是對文明的至誠。它表現在對整體，對個人的關懷。這就是愛，就是主動。

1. 對社會要有責任心

社會責任感是指正確地認知個人對國家、對他人所承擔責任的一種內心信念和意志，是個人關心社會、關心他人的集中展現。

社會責任感就是在一個特定的社會裡，每個人在心裡和感覺上對其他人的倫理關懷和義務。

具體點說就是社會並不是無數個獨立個體的集合，而是一個相輔相成不可分割的整體。儘管社會不可能脫離個人而存在，但是純粹獨立的個人卻是一種不存在的抽象。簡單點說就是沒有人可以在沒有交流的情況下獨自一人生活。所以我們一定要有對社會負責，對其他人負責的責任感，而不僅僅是為自己的欲望而生活，這樣才能使社會變得更加美好。

社會責任感是衡量一個人成熟與否的重要標準。一個缺乏社會責任感的人，在遇到沒有人能為他負責的時候，就只有哀嘆自己。社會責任感是一種習慣性行為，也是一種很重要的素養，是做一個優秀的人所必需的。

社會責任感是每個人對自己和他人，對家庭和集體，對國家和社會承擔應有的責任和履行義務的自覺態度。

社會責任感是一種捨己為人的態度。有社會責任感，是為別人赴湯蹈火的壯舉，做他人不敢做的事，擔他人不敢擔的後果。

社會責任感是指個人對自己和他人，對家庭和集體，對國家和社會所負責任的認知、情感和信念，以及與之相應的道德規範。

社會責任感是人們自覺地做好每一件事情並負責到底的決心或信念。社會責任感的有無或強弱是關係到一個人的事業能否有成的關鍵之所在。

社會責任感是一個人一生能否有所成就的重要砝碼。社會責任感是指對得起自己的良心，要有社會良知。

一個有社會責任感的人，主要應該具備以下三點特質：堅持道德上正確的主張或真理；堅持實踐正義原則；願為他人做出奉獻和犧牲。

2. 對社會負責的表現

培養社會責任感

一個人生活在社會之中，一方面要從社會獲得必需的權利，另一方面也要承擔一定的社會義務和責任，如對民族和國家的責任、對社會公共生活的責任，以至於對人類前途和命運的責任等。公民承擔「社會責任」或「社會義務」，是維護社會正常秩序、推動社會發展和保護全體社會成員正當利益的需要。每個公民必須對社會負責，並自覺承擔起社會的責任和

義務。不承擔這種社會責任和義務，必然會給社會造成不同程度的損害，受到道德的譴責，甚至受到法律的懲罰。

要承擔應盡的社會責任和義務，必須有崇高的社會義務感和責任感。這種義務感和責任感是人們行為的嚮導，它時時告訴人們應該做什麼、不應該做什麼。一個人的社會義務感和責任感越強，履行社會義務和責任的態度便越自覺越堅決，他的行為便會越崇高，貢獻便會越大。高尚的人格和壯麗的人生正是在履行自己對社會、對民族的義務和責任中產生出來的。

崇高的社會義務感和責任感來自於對社會發展規律的深刻認知。只有獲得這種認知，他的見識才會比別人遠，願望才會比別人強烈，他才能夠更加自覺地看到擔當社會義務的必要性。

在承擔社會責任中書寫人生

人類社會是不斷向前發展的，每個時代都有必須完成的政治、經濟、科學、文化等方面的重大任務。時代的任務包含著人民的幸福。一個人要實現自己的價值，就要積極響應時代的召喚，投身到時代的激流中去，為完成歷史的任務而奮鬥，這是實現人生價值的唯一正確的道路。在未來人生征途中，我們每個人都應當在自己的工作職位上，艱苦奮鬥，開拓進取，努力使自己成為一個具有高尚人格的人，一個有益於人民的人。

3. 培養社會公德

社會公德是指人們在履行社會義務或涉及社會公眾利益的活動中應當遵循的道德準則。與「私德」相對。社會公德指與組織、集體、民族、社會相關的道德，私德指個人品德、作風、習慣以及個人私生活中的道德。社會公德是人類在社會生活中根據共同生活的需要而形成的，如遵守公共秩序、講求禮貌、誠實守信、救死扶傷等。它對維繫社會公共生活和調整人與人之間的關係具有重要作用。

社會公德是一個國家，一個民族或者一個群體，在歷史長河中，在社會實踐活動中積澱下來的道德準則，文化觀念和思想傳統。社會公德作為一種無形的力量，約束著我們的行為。只有遵守社會公德的人，才會被人們所尊重。那些違反社會公德的人，將被人們所不齒。社會公德的內容並不是一成不變的，隨著歷史的演變它也會變得更加豐富多彩。

為了更好的融入這個社會，處理好人際關係，我們必須具有良好的個人修養。所謂個人修養就是個體在心靈深處進行的自我認知、自我解剖、自我教育和自我進步。個人修養同樣是作為一種無形的力量，約束著我們的行為。只有具有良好的個人修養的人，才會被人們所尊重。當然，個人修養的內容也不是一成不變的，它同樣會隨著實踐活動的豐富而逐漸提升它的層次。

尊老愛幼，助人為樂，拾金不昧等這些傳統美德深深影響著一代又一代。當然，我們也應當用與時俱進的眼光來看待社會公德，比如在當今社會，保護環境就應當成為每一個人的必修課。

環境保護並不是一個新鮮的話題，但是現如今卻成為我們的頭等大事。不可否認，環境保護是一個龐大的、系統性的工程，關係著千千萬萬人的命運，所以，這也需要所有人的配合與努力。人類只有一個地球，地球已經存在了幾十億年，但是它非常脆弱，現在更是受到各種災難的威脅：水汙染、空氣汙染、臭氧層破洞等等。身為地球上的一員，我們必須加緊行動，像愛護我們的眼睛一樣愛護我們的地球。那麼我們應該怎麼做呢？

首先，我們應該盡量少用或不用一次性的用品：一次性筷子、一次性牙刷等等。雖然這些物品給我們帶來了短暫的便利，卻使生態環境付出了高昂的代價。

其次，我們應當節約資源，減少汙染。具體來說就是，節約用水，節約用電，不亂扔垃圾，同時注意回收和循環再利用等等。只有這樣，我們才不會透支我們有限的資源，才不會讓我們自己和我們的後代留下遺憾。

然後，我們應當學會保護動物，保護植物，與其他生物和平相處。因為，其他生物也是地球上巨大生物鏈上的一個重要環節，缺少了它們，我們的生活也將受到影響！

所以，我們要愛護地球，愛護環境，這是我們每個人的責任，也是社會公德或者個人修養的必修課。只有愛護環境，才會被人們所尊重；否則就會被人們所唾棄，成為歷史的罪人！

4. 培養職業道德

職業道德是從職業活動中引申出來的、與人類的職業生活緊密連繫在一起並在人們的職業生活中逐步形成和發展起來的，是職業素養的靈魂。

職業作為一種社會現象，它是社會分工及發展的結果。隨著生產發展的需要，社會分工越來越細，人類的職業生活越來越豐富，各種職業越來越繁多，形成了社會中錯綜複雜的職業關係。而職業關係作為人的社會關係的一個重要方面，對人們的道德意識和道德行為，對整個社會的道德習俗和道德傳統產生了重大的影響。各種職業生活、職業活動，不僅反映社會道德狀況，而且對於個人的道德行為和道德品格的形成產生重大作用。

（1）由於職業分工的不同，從事不同職業的人對社會所承擔的責任不同，影響著人們對生活目標的確立和對人生道路的具體選擇。儘管一個人對人生道路的選擇最根本的是取

決於其對人生意義的認知，對社會提出的歷史任務的理解，然而從事的職業實踐又影響著其對人生意義的認知和理想、志向的確定。

（2）不同的職業有著不同的地位和基本利益，也有著不同的權利和義務。這些不同的地位、利益、權利和義務必然決定著人們的職業心理，影響著人們的道德觀念和道德評價標準，形成特殊的職業習慣和職業良心。

職業良心的形成，使人們不僅能夠根據職業的整體利益評價他人的行為，而且也能遵照自己的責任，自覺地約束自己的行為，不僅對發生在本職本行的高尚行為感到光榮，對發生在本職本行的惡劣行為感到恥辱，而且對自己的過失感到職業良心的譴責。

（3）由於各種職業的對象、活動條件和社會方式不同，同行業內部的相互影響，必然影響著人們的興趣、愛好和情操，形成特殊的品格和作風，決定人們行為發展的特殊層面。雖然這方面如興趣、愛好等不全是道德問題，但是它們卻包含著道德修養和道德情操問題，反映著從事一定職業的人們在道德境界和道德品格上的特殊性。由此可見，人們在長期的職業實踐中，由於各種職業的具體利益的不同，具體職業活動對象、內容和方式的不同，決定了不同行業有不同的職業道德準則和行為習慣。

因此，所謂職業道德，就是人們在職業活動中必須遵循的、具有本職業特徵的道德規範和準則。或者說，職業道德就是調整職業與職業之間、職業與社會之間的多種關係的行為準則。它以職業分工為基礎，與實踐職業活動緊密連繫在一起。

5. 正確處理職業道德與社會公德

職業道德與社會公德都是社會的主要規範和道德原則在特定社會關係領域的具體展現，在社會現實生活中具有廣泛的調節作用。職業道德是每個員工必須遵循的道德準則，而且職業生活是人類社會生活的最基本的實踐活動。社會公德是全體公民應當遵循的公共生活準則，它維繫著人們之間的共同相處和正常交流，使社會生活環境安定有序，兩者之間有著密切的關係。

職業道德由於在社會道德體系中的特殊地位和性質，因此，也就有了它自己特殊的社會作用。而社會公德所包含的內容很廣泛，它為全體社會成員所遵守。所以，職業道德與社會公德並不矛盾，相反，如果人們職業道德水準很高，它就能使職業道德與社會公德相輔相成，職業道德是調整職業關係的行為規範，它對確保做好本職工作，協調與職業相連繫的人與人之間的關係，在社會發展發揮著特殊的重要作

用。而其最基本的要求是「忠於職守」。如果一個社會的每個公民，都有高度的職業道德覺悟，能正確地處理好個人與社會之間、職業集體之間的關係，充分發揮積極性與創造性，那麼，人們的社會公德意識將進一步提升，愛護公物、敬老愛幼、禮貌守法，將成為每個公民和職業勞動者的公共生活準則。反之，如果一個社會的每個公民，不講職業道德，職業道德觀念淡薄，不盡職責，無法協調好職業關係，國家建設就不可能很好地開展。如個別人製售假冒偽劣產品，既違背了職業道德中「公平競爭」的原則，使一些人蒙受經濟損失，又給社會造成了很壞的影響，這也是對社會公德的一種褻瀆。

總之，職業道德與社會公德都是道德體系的重要組成部分，它們既有關聯又有區別，如果離開了社會公德，職業活動就無法進行，職業道德也難以實現。反過來說，職業道德的教育和實踐對社會公德同樣具有推動作用。因此，職業道德在更高層次上包含展現著社會公德的要求。從這個意義上來說，遵守職業道德也就是遵守社會公德的具體展現。

6. 積極發揮職業道德的作用

人們要滿足自身的物質、文化生活的需求，推動社會的發展，就必須從事一定的職業活動，並遵守一定的職業道德。因此，在整個社會的道德體系中，職業道德占有重要的地位。良好職業道德的形成，是整個道德建設的基礎。科學的職業道德觀念，對於人們的職業活動行為的選擇和貢獻大小，具有積極的導向、調節和激勵作用。

職業道德是調節利益關係的重要方法

在社會生活中，不同的人在社會活動方面還存在著一定的職業差別，各職業之間、各職業集體內部勞動者之間還存在著各自的職業利益和需要，因此，為了調節職業活動中職業集體與社會整體之間、職業集體之間、職業集體內部勞動者之間的利益關係，保持個人利益、職業集體利益和整個社會利益的基本一致，以保障各個社會領域中各種職業的順利發展，除了採取一系列政治措施、法律措施、經濟措施和行政措施之外，還應當對各種不同職業或職業集體中的勞動者，分別提出一些本職業人員應該遵守的具體的職業行為準則和規範。

這種特殊要求，不僅僅是專業和技能方面的，而且還有行為和道德調節方面的。因此說，職業道德是調節職業活動中各種關係、各種利益矛盾的特殊手段，是調整職業關係的

基本準則，對於維護社會的正常生產生活秩序發揮著重要作用，是對各個職業集體、各從業人員的特殊要求。

職業道德是從事職業活動應該遵循的行為規範

職業道德是指在一定職業活動中所應遵循的、具有自身職業特徵的道德準則和規範，其形成和發展直接受到職業活動的影響，是職業活動對人們行為的客觀要求。職業活動是職業生活的基本內容，包括在自己的職業職位上，按照職業要求從事業務活動，履行工作職責，使得職業對個人和社會的作用得以實現。

在職業活動中，每一種職業都有它自己的生產或服務對象，都有各自活動的環境、內容和方式，都承擔著不同的社會責任，具有不同的利益和義務。

因此，對從事不同職業的勞動者應提出不同的職業要求，規定不同的職業道德規範。如醫生和法官的職業不同，職責不同，服務對象不同，因而各自的職業道德也各不相同。作為醫生的道德應該是救死扶傷，實行人道主義；而法官的道德則是剛直不阿、清正廉明。

職業道德針對不同的職業特點，具體規定了從事不同職業的人在從業過程中應該遵循的行為規範，使從事該職業的人明白什麼樣的職業行為是對的，是應該做的；什麼樣的職業行為是錯的，是不應該做的，以此為標準，用來指導、約束自己的職業行為，以確保職業活動的正常進行。

職業道德是形成高尚職業理想和情操的關鍵

一個人是否成才，是否對社會有貢獻，主要依靠在職業生活的實踐中學習和進步。職業道德是人們職業生活的指南，它使人們初步形成的一般道德認知得到進一步提升，使它們的道德品格逐漸成熟，從而直接影響著人們的思想和行為的發展趨向。它規定具體職業的社會責任，指導人們在具體的職業職位上，確立具體的生活目標，選擇具體的生活道路，形成具體的人生觀和職業理想，養成具體的道德品格。

歷史和現實生活告訴人們，一個人，能否成才，常常不在於他是否有優越的客觀條件，而在於他是否有高尚的職業道德。在職業生活中學習、培養和鍛鍊各種優良品格，形成高尚的職業理想和情操，無論對社會，還是對個人，都具有十分重要的意義。

職業道德能促進良好道德風尚的形成

社會風尚是人們精神面貌和現實社會關係的綜合反映。作為職業道德本身要受社會風尚的制約，同時也會對社會風尚發揮影響。社會是一個有系統的整體，各行各業相互連繫。職業道德風貌本身就是社會道德風尚的一個重要方面。人們在自己的職業活動中，能否普遍地遵守職業道德，對於社會生活的穩定、良好社會風尚的形成，有著直接的關係。如果人們有高尚的職業道德，能自覺地遵循職業道德規範，彼此間互相幫助、互相支援、方便他人、熱情服務，以為人民服務作為自己工作的目的，那麼就會形成良好的社會關係和社會道德風尚。

在社會生活中，人們形象地把商業服務比喻為社會道德風尚的「窗口」，把醫護人員稱為「白衣天使」，把教師稱為「人類靈魂的工程師」……都是職業道德對社會道德風尚產生積極影響的例證。相反，如果人們不講職業道德，在職業活動中盛行以次充好、以假亂真，玩忽職守、以權謀私等不正之風，就會對社會道德風尚產生消極的影響，從而產生爾虞我詐、見利忘義等種種不良的社會風氣。

附錄
心理測試

1. 測一測你的責任感

你是有責任感的那一類型嗎？

1. 與人約會，你通常準時赴約嗎？ A. 是 B. 否
2. 你認為你這個人可靠嗎？ A. 是 B. 否
3. 你會因未雨綢繆而儲蓄嗎？ A. 是 B. 否
4. 發現朋友犯法，你會通知警察嗎？ A. 是 B. 否
5. 出外旅行，找不到垃圾桶時，你會把垃圾帶回家去嗎？ A. 是 B. 否
6. 你經常運動以保持健康嗎？ A. 是 B. 否
7. 你忌吃垃圾食物、脂肪性過高或其他有害健康的食物嗎？ A. 是 B. 否
8. 你永遠將正事列為優先，再做其他休閒嗎？ A. 是 B. 否
9. 你從來沒有放棄過任何選舉權利嗎？ A. 是 B. 否
10. 收到別人的信，你總會在一兩天內就回信嗎？ A. 是 B. 否
11. 「既然決定做一件事情，那麼就要把它做好。」你相信這句話嗎？ A. 是 B. 否
12. 與人相約，你從來不會耽誤，即使自己生病時也不例外嗎？ A. 是 B. 否
13. 你從來沒有違規過嗎？ A. 是 B. 否
14. 在求學時代，你每次都準時交作業嗎？ A. 是 B. 否
15. 小時候，你經常幫忙做家事嗎？ A. 是 B. 否

◆說明

選擇「是」獲得 1 分，選擇「否」為 0 分。

總分數為 10 － 15 分：你是個非常有責任感的人。你行事謹慎。懂禮貌、為人可靠，並且相當誠實。

總分數為 3 － 9 分：大多數情況下，你都很有責任感，只是偶爾有些率性而為，沒有考慮得很周到。

總分數為 2 分以下：你是個完全不負責任的人。有些朋友的父母可能會對你有成見，力勸兒女少跟你來往。你一次又一次地逃避責任，造成每個工作經常做不長，手上的錢也老是不夠用。

2. 你的敬業精神測試

敬業，顧名思義就是尊敬並重視自己的職業，把工作當成私事，對此付出全身心的努力，加上認真負責、一絲不苟的工作態度，即使付出再多的代價也心甘情願，並能夠克服各種困難做到善始善終。如果一個人能如此敬業，那麼在他心中一定有一種神奇的力量在支撐著他，這就叫做職業道德。從古至今，職業道德一直是人類工作的行為準則，在世界飛速發展的今天，更是得以發揚光大，並成為成就大事所不可或缺的重要條件。

◆測試導語

1. 本測試測量人的敬業程度。
2. 測試由一系列陳述句組成，請仔細閱讀，按要求選擇最符合自己情況的答案，並將所選答案序號填寫在題後橫線處。
3. 答案標準如下：

   a. 不同意 b. 介於 a、c 之間 c. 同意

◆開始測試

1. 不拿企業的一針一線。
2. 在規定的休息時間之後，立即返回工作場所。
3. 一看到別人違反規定，即向主管反映。

4. 凡與職務相關的事情，注意保密。
5. 不到下班時間，不離開工作職位。
6. 不採取有損於本企業名譽的行動，即使這種行動並不違反規定。
7. 自己有對本企業有利的意見或方法都提出來，不管自己是否得到相應的報酬。
8. 不洩露對競爭者有利的資訊。
9. 注意自己與同事們的關係。
10. 接受更繁重的任務和更大的責任。
11. 只為本企業工作，不兼任其他企業的工作。
12. 對外界人士要說有利於本企業的話。
13. 把本企業的目標放在與工作無關的個人目標之上。
14. 為了完成工作，在工作時間以外，自行加班加點。
15. 不論在工作上或在工作以外，避免採取任何削弱本企業競爭地位的行動。
16. 用業餘的時間研究與工作相關的資訊。
17. 購買本企業的產品或服務，不買競爭者的產品或服務。
18. 凡是支援本行業和本企業的人，均投贊成票。
19. 為了工作績效，要做到張弛有度。
20. 在工作日的任何時間內及工作開始以前，絕對不喝烈性酒。

◆計分評估

敬業程度低下：不同意有 6 個以上。

敬業程度中等：不同意在 3 ～ 5 個。

敬業程度上等：不同意在 1 ～ 2 個。

敬業程度卓越：不同意 0 個。

◆專家點評

在商品競爭如此激烈的現代社會，毫不誇張地說，一個企業的生死存亡，取決於其員工的敬業程度。只有具備忠於職守的職業道德，才有可能為顧客提供優質的服務，並能創造出優質的產品。如果把界定的範圍擴大到以國家為單位，那麼一個國家能否繁榮強大，也取決於人民是否敬業。例如：身為警察就要為民眾盡職盡責；醫生則應一絲不苟，救死扶傷;政府官員應及時體察民情，為百姓解決實際問題。其實，只要構成社會的每個單位都能做到盡職盡責，那麼這個社會就是一個無堅不摧的整體。

不幸的是，任何行業，任何工作領域裡都會有一部分人，總是在工作中偷懶，不負責任，經常為自己的失職而尋找藉口，並不知悔改，或許，在他們的頭腦裡根本沒有對敬業的理解，更不會認為職業是一種神聖的使命。

電子書購買

爽讀 APP

國家圖書館出版品預行編目資料

企業 QE，改變員工思路的九道課題：承認錯誤 × 建立形象 × 團結一致，打破「旁觀者效應」，主動迎擊四周潛伏的危機 / 戴譯凡，陳飛 編著 . -- 第一版 . -- 臺北市 : 財經錢線文化事業有限公司 , 2024.01

面； 公分

POD 版

ISBN 978-957-680-710-7(平裝)

1.CST: 企業管理 2.CST: 組織管理 3.CST: 責任

494 112020948

企業 QE，改變員工思路的九道課題：承認錯誤 × 建立形象 × 團結一致，打破「旁觀者效應」，主動迎擊四周潛伏的危機

臉書

編　　著：戴譯凡，陳飛

發 行 人：黃振庭

出 版 者：財經錢線文化事業有限公司

發 行 者：財經錢線文化事業有限公司

E-mail：sonbookservice@gmail.com

粉 絲 頁：https://www.facebook.com/sonbookss/

網　　址：https://sonbook.net/

地　　址：台北市中正區重慶南路一段六十一號八樓 815 室

Rm. 815, 8F., No.61, Sec. 1, Chongqing S. Rd., Zhongzheng Dist., Taipei City 100, Taiwan

電　　話：(02) 2370-3310　　傳　　真：(02) 2388-1990

印　　刷：京峯數位服務有限公司

律師顧問：廣華律師事務所 張珮琦律師

-版權聲明

本書版權為千華駐科技所有授權崧博出版事業有限公司獨家發行電子書及繁體書繁體字版。若有其他相關權利及授權需求請與本公司聯繫。

未經書面許可，不可複製、發行。

定　　價：350 元

發行日期：2024 年 01 月第一版

◎本書以 POD 印製

Design Assets from Freepik.com